河湖堤岸梯级生态防护技术理论与实践

汤崇军　段剑　肖胜生　等　著

中国水利水电出版社

www.waterpub.com.cn

·北京·

内 容 提 要

本书针对河湖堤岸迎水坡面水土流失与植被退化严重等问题,结合库区水位变化与边坡稳定性分析,对迎水坡面进行生态功能分区,就不同功能区特点筛选了相应的护坡适生植物,集成构建了迎水坡面梯级生态防护技术与模式,对护坡植物适应性、水土保持、消浪减蚀、植物多样性等效益进行监测,并在江西省峡江水利枢纽工程建设中进行了示范应用。该研究成果可为湖库、中小河流堤岸的生态治理提供技术支撑。

本书可供水土保持、环境科学和生态水利等领域相关科技人员与高等院校师生参考,也可供其他专业及有关工程技术人员参考。

图书在版编目(CIP)数据

河湖堤岸梯级生态防护技术理论与实践 / 汤崇军等著. -- 北京 : 中国水利水电出版社, 2024. 9. -- ISBN 978-7-5226-2751-9

Ⅰ. TV861

中国国家版本馆CIP数据核字第2024VH4884号

书　　名	**河湖堤岸梯级生态防护技术理论与实践** HE HU DI'AN TIJI SHENGTAI FANGHU JISHU LILUN YU SHIJIAN
作　　者	汤崇军　段　剑　肖胜生　等著
出版发行	中国水利水电出版社 (北京市海淀区玉渊潭南路1号D座　100038) 网址:www.waterpub.com.cn E-mail:sales@mwr.gov.cn 电话:(010)68545888(营销中心)
经　　售	北京科水图书销售有限公司 电话:(010)68545874、63202643 全国各地新华书店和相关出版物销售网点
排　　版	中国水利水电出版社微机排版中心
印　　刷	天津嘉恒印务有限公司
规　　格	184mm×260mm　16开本　9.5印张　171千字
版　　次	2024年9月第1版　2024年9月第1次印刷
印　　数	001—700册
定　　价	**68.00元**

前　言

与自然水系迎水坡面相比较，水利工程运行导致的河湖堤岸迎水坡面具有水淹时间长、消落幅度大等特征，受损生态系统难以自然恢复，特别是在一些坡度陡、水流急、泥沙难以沉积的河段，植被常因此退化甚至完全消失，加之水位消落冲刷淘蚀等外营力作用，易产生严重的水土流失，导致迎水坡面稳定性差、景观破碎、环境污染等问题，从而威胁到河湖堤防安全及生态安全。

本书针对河湖堤岸迎水坡面水土流失与植被退化严重等问题，结合水位变化与土质边坡稳定性分析，对迎水坡面进行生态功能分区，就不同功能区特点筛选出相应的护坡适生植物，集成构建了迎水坡面梯级生态防护技术与模式，对护坡植物适应性、水土保持、消浪减蚀、植物多样性等效益进行监测，并在江西省峡江水利枢纽工程建设中进行了应用示范。该研究成果可为湖库、中小河流堤岸的生态治理及水生态文明建设等提供技术支撑。

本书由汤崇军总体设计，全书共7章，第1章为"绪论"，由汤崇军、段剑执笔；第2章为"河湖堤岸迎水坡面稳定性分析"，由万迪文、麻夏执笔；第3章为"河湖堤岸迎水坡面护坡植物筛选"，由段剑、刘窑军、肖胜生执笔；第4章为"河湖堤岸迎水坡面生态防护技术与模式"，由段剑、肖胜生、叶忠铭执笔；第5章为"河湖堤岸迎水坡面生态防护效益评价"，由汤崇军、段剑、肖胜生执笔；第6章为"野外示范点建设"，由汤崇军、段剑执笔；第7章为"结论与展望"，由汤崇军、段剑执笔。全书最后由汤崇军、段剑、肖胜生统稿审定。

该研究得到江西水利科技项目"峡江水利枢纽工程临江土质边坡生态防护技术研究示范"（项目编号：KT201523），"江西省高层次高技能领军人才培养工程"等资助。参加该研究的主要人员还有杨洁、刘祖斌、王凌云、赵佳鼎、杨罗女、胡志坚、胡欣、付鹏、陈九灵、夏美龙、宋利平、王颖、谢鑫、朱爱如等。研究期间得到了江西省峡江水利枢纽工程管理局、江西省水利厅、江西水土保持生态科技园和江西省各县（市、区）水利水保部门的大力支持，以及该研究全体人员的密切配合，研究任务圆满完成。在此对他们的辛勤劳动表示诚挚的感谢。

限于作者水平，加之时间仓促，书中难免存在欠妥或谬误之处，恳请读者批评指正。

作者

2023 年 8 月

目 录

第1章 绪 论

1.1 研 究 背 景

与自然水系迎水坡面相比较，水利工程运行导致的河湖堤岸迎水坡面具有水淹时间长、消落幅度大等特征，受损生态系统难以自然恢复，特别是在一些坡度陡、水流急、泥沙难以沉积的河段，植被常因此退化甚至完全消失，加之水位消落冲刷淘蚀等外营力作用，易产生严重的水土流失（图1.1），导致迎水坡面稳定性差、景观破碎、环境污染等问题，从而威胁到河湖堤防安全及生态安全。因此，非常有必要对河湖堤岸迎水坡面进行生态恢复治理，然而迎水坡面土壤受水体浸泡、侵蚀、水位消落影响，容易稀泥化、沼泽

（a）侵蚀景观（1）

（b）侵蚀景观（2）

（c）侵蚀景观（3）

（d）侵蚀景观（4）

图1.1 河湖堤岸迎水坡面侵蚀冲刷严重

化，严重的土壤侵蚀是植被恢复与重建的主要制约因素。在迎水坡面土壤加固的基础上，研究探讨适宜的边坡生态防护技术与模式，对于控制边坡土壤侵蚀、提高边坡稳定性及保障湖库和中小河流生态环境安全等具有重要意义。

1.2 国内外研究现状

江河湖泊是洪水通道、水资源载体和生态环境的重要组成部分。江西省水系发达，河湖众多。流域面积 $10km^2$ 及以上河流有 3771 条，流域面积 $50km^2$ 及以上河流有 967 条，常年水域面积 $1km^2$ 及以上天然湖泊有 86 个。丰富的水资源、良好的水生态环境是江西省经济社会可持续发展的优势资源。河湖堤岸是防御洪水泛滥，保护居民和工农业生产的主要措施，是防洪体系的重要组成部分。迎水坡面的稳定是河湖堤岸安全的重要保障，随着经济社会的发展，水生态文明建设成为当今水利改革发展的重要课题。因此，河湖堤岸迎水坡面防护工程不仅需要具备泄洪、排涝的基本功能，同时需要兼顾景观美学、环境友好以及生态效益等功能。

1.2.1 迎水坡面生态环境问题

由于水位变化，在河湖堤岸迎水坡面上形成的消落带是一种特殊的生态环境区域，具有明显的环境因子、生态过程和植物群落梯度，对水土流失、养分循环和非点源污染有较强的缓冲和过滤作用，是生态环境十分脆弱的敏感地带（水陆生态系统的过渡地带），在维持水陆生态系统动态平衡、生物多样性、生态安全、生态服务功能等方面发挥着重要作用。

人们早期的研究主要针对河流的河岸带，但随着社会发展及各类水利工程的大量兴建，人们越来越认识到消落带与河岸带的差异，对水库消落带的研究也逐渐深入。国外一些发达国家如欧洲、日本、北美等，都对消落带进行过系统且深入的研究。1993 年，Malanson、Naiman et al. 对河岸带进行了定义及系统研究。美国在 20 世纪 70 年代召开的以"河岸栖息地的保护、经营和重要性"为主题的学术研讨会，对河岸带生态系统的重要性进行了深入探讨。20 世纪 80—90 年代，Lieffers、Nilsson et al.、Gregory et al. 指出，对退化河岸带生态系统进行恢复重建与合理管理是解决河岸带生态环境问题的关键。21 世纪初，由于生态效益和经济利益的冲突，人类意识到河岸带的修复很难单纯依靠植被的自然恢复，美国、加拿大等国家开始运用生物和工程技术相结合的治理技术（Li et al.，2002）。2001 年 11 月，关于生态工程的国际会议先后在日本和新西兰召开，重点讨论了河岸带发生机制和生态服务功能等方面的问题，指明了未来河岸带的研究方法及发展方向（Editorical，2005）。

国内对消落带的研究相对较晚，20世纪60年代以来，我国许多大中型水利工程开始修建，如丹江口水库、新安江水库等。20世纪90年代至21世纪初期，三峡大坝在几代人的努力下建设完工，成为全球第一大水电站。然而，水库在为人类带来福利的同时生态环境问题愈加凸显，人们开始意识到对水库消落带生态环境问题的研究已势在必行。20世纪90年代，部分学者论述了加强水库消落带管理的重要性。到21世纪初期，人们的注意力转移到消落带的植被恢复上，王强等、白宝伟等、杨朝东等指出水库蓄水后，消落带出现了种种生态环境问题，如生物多样性锐减、植被退化严重、物种丰富度减少、植物群落单一等。这些生态环境问题的出现都与三峡水库"冬蓄夏泄"的反季节水位调控有关，大多数原有的植物难以适应现有的消落带环境，不具备耐淹特性而逐步消失甚至灭亡。王勇等（2004）提出，影响消落带植物群落组成及空间分布的关键因素是土壤湿度和反季节的水淹时间。

1.2.2 迎水坡面护坡形式

（1）硬质护坡。硬质护坡通常适用于防护等级较高和人口聚集、影响较大的堤防，主要形式有现浇混凝土、铰接式混凝土、模袋混凝土、砌石、混凝土预制块、钢筋混凝土挡墙等。硬质护坡可在短时间内防护坡面，有效防止水土流失，对于稳定边坡，防止滑坡等作用显著。但其成本较高，一般为植草护坡的8～10倍；景观效果不佳，色彩单一，容易产生视觉疲劳；而且严重破坏了生物生存、栖息、繁衍的环境，隔断了水域生态系统与陆地生态系统的交流与联系，不利于河流生态系统发挥水体自净能力，以及自然生态系统的恢复。

（2）生态护坡。生态护坡主要包括硬质生态护坡、柔性生态护坡和全生物生态护坡。硬质生态护坡是指以钢筋、混凝土等硬质结构为基础，种植植物或以其他方式进行绿化的生态护坡技术，主要有生态混凝土、孔洞型护坡、石笼复合种植基、植被混凝土等形式（刘高鹏等，2010）。其特点是在满足防护要求的同时，能够兼顾坡面的景观与生态效益，但由于平均造价为植草护坡的10倍以上，应用范围受限。

柔性生态护坡是指以聚合纤维、网袋、自然纤维为结构基础，在其上或其中装填或黏结土壤等种植基质，种植植物或以其他方式进行绿化的生态护坡技术，主要有生态袋、土工网垫固土种植基、灌注型植生卷材、植生袋等形式（胡利文等，2003；毕丽华等，2010）。柔性生态护坡兼顾了生态防护和生态景观效益，但由于防护强度一般，不适合用于防洪等级较高的河岸边坡，且造价高，平均造价为植草护坡的 15 倍以上，推广也受到较大限制。

全生物生态护坡是指完全以存活或已死亡的生物体为护坡材料，利用植物的截水保土能力，达到减少坡面水土流失、满足坡面景观和生态需求的效果，主要有草皮护坡、植草护坡以及土壤生物工程（土壤保持、地表加固、生物-工程综合保护技术等）等形式，具有成本低、绿化和景观效益好、生态效果佳等特点。

（3）硬质护坡与生态护坡比较分析。在以上内容的基础上，表 1.1 分析了迎水坡面护坡形式体系及其优缺点。由表可知，硬质护坡形式只注重了边坡结构稳定等工程防护性能，没有考虑生态环境及景观上的生态性能；生态护坡重视发掘传统人工材料和技术并改进传统的护坡方法，在设计和施工过程中更多地考虑了生态环境及生物的需求（刘黎明等，2007）。

表 1.1   迎水坡面护坡形式体系及其优缺点

	护坡形式	优点	缺点	外部形态	材料	功能
硬质护坡	现浇混凝土	短时间内有效防止水土流失、稳定边坡	防护成本高，景观效果、生态功能差	平面形状：顺直平滑；断面形状：几何规整	浆砌石、浆砌混凝土等硬质材料	防洪、排涝、蓄水、航运等
	铰接式混凝土					
	模袋混凝土					
	砌石					
	混凝土预制块					
	钢筋混凝土挡墙					
生态护坡 / 硬质生态护坡	生态混凝土	兼顾坡面防护效果及景观、生态效益	防护成本高，应用范围局限	平面形状：蜿蜒曲折；断面形状：不规则、多样化、复合化、高低错落	植物、天然块石、木材、石笼、生态混凝土等多孔渗透性材料	除具备传统护坡的功能，还具有景观、生态娱乐等功能
	孔洞型护坡					
	石笼复合种植基					
	植被混凝土					
柔性生态护坡	生态袋	景观、生态效益高	防护强度一般，不适合用于防洪等级较高的河岸边坡，且防护成本高			
	土工网垫固土种植基					
	灌注型植生卷材					
	植生袋					
全生物生态护坡	植草护坡	成本低，景观、生态效益高	抗压及抗剪强度低，杂灌繁多，影响查险除险			
	草皮护坡					
	土壤生物工程					

硬质护坡的优势在于工程防护能力较强，但投资较大，对生态保护作用较小，难以符合可持续发展理念；同时外观方面不够美观，过于生硬且没有生机。生态护坡则符合保护生态环境发展的趋势，能够切实有效地保护周边环境并有较高的观赏价值。随着水生态文明建设等理念的深入，硬质护坡有必要向生态护坡转变。因此，生态护坡是在硬质护坡基础上的改进，是护坡基本功能的延伸，适合在迎水坡面生态防护中进行应用。

1.2.3　迎水坡面生态防护技术

国际上，Coppin et al.（1990）最早提出"生态护坡"的定义：单纯利用植物或将植物与土木工程及无生命的材料相组合，用此缓解坡面的侵蚀及不稳定性，在坡面恢复或形成与周围景观相协调的生态系统。生态护坡首先体现其生态功能，同时在拥有传统护坡性能的基础上，融合了人文、景观、植物学及生态学等内容，从真正意义上满足自然生态系统恢复和重建的需求。随着一些大型水利工程的建设，堤岸迎水坡面植被大量减少，甚至形成裸露坡岸，严重影响景观效应和生态效应。因此，生态修复已成为当前河湖堤岸迎水坡面治理的热点之一，生态护坡技术也备受关注。

发达国家在经历"先污染后治理"的道路后，深刻明白了发展不能牺牲环境的道理，所以国外对生态护坡技术的研究历史悠久，起步较早。随着传统护坡技术弊端的日益突出，西方一些国家开始注重生态护坡技术研究。20世纪30年代，生态护坡技术首次在奥地利、法国、意大利等中欧国家被使用并迅速发展；至60年代，生态护坡技术已在许多国家盛行。80年代末，瑞士、德国等提出了自然型护岸技术，如德国的莱茵河堤坝防护工程中采用活动式堤防，这一举措不仅提高了生物多样性，而且增加了人们对于景观场地的亲水性需求。亚洲生态护坡技术的运用以日本为代表。日本对生态护坡技术的研究一直走在世界前列，早在1633年，日本便利用栽种树苗以及铺植草坪的方式，达到生态护坡目的。80年代，日本创造了三维网植草护坡法；90年代，日本将植被型生态混凝土用于城镇河道建设，这是日本首次将生态护坡技术用于河岸带治理。

我国经济发展起步晚，早期生态护坡主要研究两种：植物护坡、植物与工程技术相结合式护坡。植物护坡是指利用植被对水文、气候和土壤的作用来保持库岸的稳定。植物护坡技术的关键在于植物的选择，许晓鸿等（2002）在吉林省西部的嫩江流域，通过筛选本土护坡植物早熟禾、牛毛草、剪股颖、野麦草等八种作为护坡植物，利用植物地上部分消能护坡，植物地下部分保水固土，护坡效果显著。植物与工程技术相结合式护坡比单纯植物护坡相对灵活且适应性强，主要包括水泥生态种植基、三维植被网、土工材料复合种植基等形式。20世纪末至21世纪初，生态护坡技术研究与应用日益受到重视。21世纪初期，在吸收借鉴发达国家有关城市河道生态护坡技术使用的基础上，季永兴等（2001）通过对城市原有河岸护坡结构进行剖析，探讨了如何利用不同材料进行河道生态护坡。在分析我国现阶段航道工程植草护坡的基础上，鄢俊（2000）、张金霞（2015）、张迪等（2015）提出了边坡种草的关键技术并讨论了各类植草护坡技术的现状及特点。韩军胜等（2005）提出将石笼格网护垫和石笼格网挡墙的生态护坡方式用于河道治理。胡海鸿（1999）、陈海波（2001）分别在漓江治理工程、引滦入唐工程中提出利用复合植被护坡、网格反滤生物组合护坡技术等。刘秀峰等（2001）、顾岚（2013）提出利用自然材料如植物、石块等对边坡进行近自然治理与植被重建，通过建立新的植物群落达到防治水土流失、恢复生态环境的目的。鲍玉海等（2010）以及重庆三峡学院（2013）提出以工程护坡构件加上适宜水土保持植物来保护消落带表层土壤，从而达到护坡效果。

三峡水库是典型的河道型水库，也是人类历史上迄今最大型的反季节性水库，周期性淹没—成陆过程导致一定程度的巧塌、滑坡等自然灾害，加上其他人为活动，水土流失严重。三峡水库消落带的生态治理一直属于世界性难题。王连新（1999）根据三峡工程风化砂土边坡防护的实践，将土工网复合植被防护的方法应用于三峡工程古树岭和坛子岭等风化砂土边坡。王飞等（2010）在分析三峡水库消落带生态问题特点及地形特征的前提下，提出选取耐水淹的消落带植物以及绿色生态混凝土技术进行生态护坡。郑轩等（2013）在胡家坝消落带170.00m高程以上采用狗牙根、香根草、中华蚊母、垂柳、池杉等进行生态护坡。朱吾中等（2016）在分析三峡库区秭归县城库岸消落带环境、地形地质条件的基础上，提出采用干砌石护坡、生态护坡、格宾挡墙等综合护坡模式。

1.3　存在的问题

与自然水系迎水坡面相比，水利工程运行导致的河湖堤岸迎水坡面具有水淹时间长、消落幅度大等特征，加之水流冲刷、风浪淘蚀等外营力作用，易形成严重的水土流失，影响土质边坡的稳定性。筛选相应的适生护坡植物，提高土质边坡的抗侵蚀能力、降低水对边坡的作用强度是解决边坡稳定的关键。目前多采用混凝土硬质护坡或狗牙根等植草护坡，该方式存在生态功能较弱且防护强度较弱等问题。生态护坡是基于土质边坡稳定性和生态学原则的一种边坡防护技术，具有边坡防护、防止水土流失和改善生态环境等功能。鉴于此，非常有必要在分析迎水坡面稳定性的基础上，优选相应的生态护坡植物，引进国内外先进的生态护坡技术，集成示范生态护坡关键技术与模式，对其相关效益进行分析评价。该研究成果能为湖库、中小河流堤岸的生态治理及水生态文明建设等提供技术支撑。

第2章 河湖堤岸迎水坡面稳定性分析

选择峡江水利枢纽工程库区为研究区域，以堤岸迎水坡面为研究对象，通过研究区基础数据资料收集、分析、计算等手段，探讨不同静水与波浪冲刷条件下迎水坡面的稳定性，可为后续迎水坡面生态防护适生植物、关键技术与模式研究提供科学依据。

2.1 研 究 区 概 况

峡江水利枢纽工程的运行调度分兴利调度和防洪调度两种。当坝址流量（$Q_坝$）不大于防洪与兴利运行分界流量（5000m³/s）时，进入洪水调度运行方式，水库在正常蓄水位至死水位之间运行，进行径流调节；当坝址流量大于防洪控泄起始流量且库水位低于防洪高水位时，水库下闸拦蓄洪水，控制下泄流量为下游防洪；当库水位达到防洪高水位且洪水继续上涨时，泄洪闸门全部开启，敞泄洪水，以保闸坝安全，但应控制其下泄流量小于该次洪水的洪峰流量。具体的运行调度方式如下。

2.1.1 防洪调度方案

当 $Q_坝$ 小于 7000m³/s 且不小于 5000m³/s 时，控制坝上库水位不超过44.0m 运行；当 $Q_坝$ 小于 10000m³/s 且不小于 7000m³/s 时，继续加大出库流量，控制坝上库水位不超过 43.50m 运行；当 $Q_坝$ 不小于 10000m³/s 时，按出库流量等于入库流量控泄，维持坝上库水位不超过 43.5m 或敞泄运行。当 $Q_坝$ 不小于 20000m³/s 时，转入拦蓄洪水为下游防洪运行方式和敞泄洪水运行方式。

2.1.2 兴利调度方案

当坝址流量不大于防洪与兴利运行分界流量（5000m³/s）时，峡江水库水位控制在正常蓄水位（46.00m）至死水位（44.00m）之间运行，按照发电需求、坝址上游的航运要求和农田灌溉用水要求进行兴利调度。为了充分利用水力资源，在满足各部门兴利用水要求的前提下，尽可能使库水位维持在较高水位上运行，以利多发电。考虑坝址下游的航运、城镇居民生活和工业用水要求，最小下泄流量不小于 $221m^3/s$，相应的基荷出力为27MW。

2.2 库区迎水坡面概况

以峡江水利枢纽工程库区迎水坡面为例，依据设计文件及库区施工测量成果，可以获得库区迎水坡面的基本情况（表2.1）。

表 2.1 　　　　　　　库区迎水坡面的基本情况　　　　　　单位：m

库 区 片		坡线长	坡 脚 高 程			平均坡面长
			最低	最高	平均	
水田	A、B	4630	42.57	45.50	43.83	8.89
	C		42.18	45.70	45.02	6.21
	D、E		42.29	45.18	43.81	8.91
	F、G		44.22	45.98	45.31	5.57
槎滩	A	1502	42.22	45.36	44.07	6.54
	B	1204	42.76	45.10	44.53	5.53
醪桥	元石	1714	42.21	46.38	44.43	5.75
	下坝溪	663	42.96	46.06	44.40	5.82
	黄土塘	481	42.46	45.16	43.90	6.94
金滩		1572	45.72	46.82	46.49	1.14
合计		11766				

2.3 典 型 断 面

工程库区迎水坡面岸线长约为11.77km，坡比为1:2，均为土质填方边坡。根据资料分析，库区迎水坡面典型断面主要有a、b、c、d四种类型（图2.1）。以典型断面a、典型断面b坡长较长。

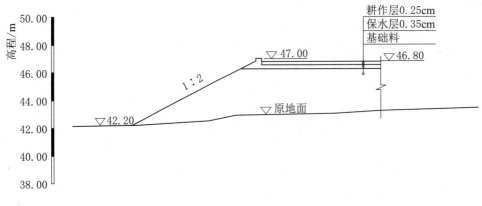

（a）典型断面 a

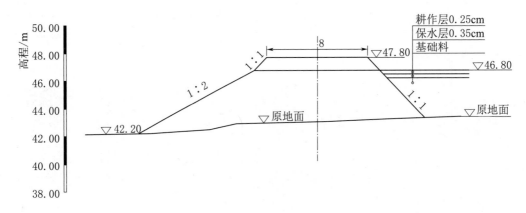

（b）典型断面 b

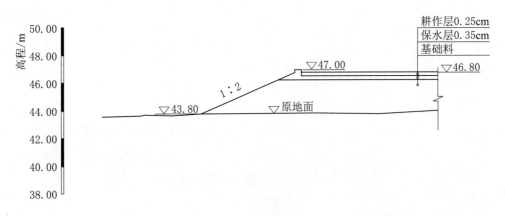

（c）典型断面 c

图 2.1（一）　堤岸迎水坡面典型断面图（单位：m）

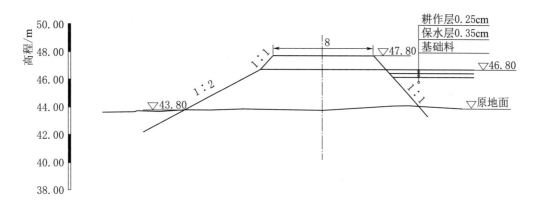

（d）典型断面 d

图 2.1（二） 堤岸迎水坡面典型断面图（单位：m）

2.4 不同水位下静水边坡稳定性分析

工程水库运行水位为 46.00m（正常蓄水位）、44.00m（死水位）和 43.00m（施工期水位）。选取坡面较长的典型断面 a、典型断面 b 分析库区迎水坡面的稳定性，各土层物理力学参数见表 2.2。

表 2.2　　　　　　　　　典型断面各土层物理力学参数

参　　数	耕作层	保水层	基础料	原状土层
黏聚力/kPa	5	30	5	5
内摩擦角/(°)	6	17	30	30
饱和密度/(g/cm³)	1.98	1.98	2.05	2.05

通过计算得到相应于毕肖普法的最小安全系数及相应的滑裂面位置，静水条件下典型断面边坡抗滑稳定性计算结果见表 2.3（详见附录 1）。由表可知，在不同水位条件下，库区静水边坡典型断面安全系数为 2.858～3.699，均大于规范允许安全系数（1.2）。因此，在静水条件下库区迎水坡面抗滑稳定性满足要求。

表 2.3　　　　静水条件下典型断面边坡抗滑稳定性计算结果

典型断面	不同水位	安全系数 K_c	规范允许安全系数 $[K]$
a	水位 43.00m	3.618	1.2
	死水位 44.00m	3.699	1.2

典型断面	不同水位	安全系数 K_c	规范允许安全系数 [K]
a	水位 45.00m	3.647	1.2
	正常蓄水位 46.00m	3.510	1.2
b	水位 43.00m	2.858	1.2
	死水位 44.00m	2.982	1.2
	水位 45.00m	3.044	1.2
	正常蓄水位 46.00m	3.041	1.2

注：规范允许安全系数采用简化毕肖普法，按正常运用条件、堤防级别 5 计算得出。

2.5　波浪对边坡稳定性的影响

水库波浪（以风浪为例）对土质岸坡的破坏体现为一种长时间的淘刷作用，波浪在岸线附近破碎，随即形成向前的涌浪，对直立土坎根部进行淘蚀，波浪回落时在冲刷面上形成的回流不断将淘蚀的土体带走，在斜坡上形成堆积。黏土本身具有一定的黏结强度，较长时间后土坡坡脚沿岸线就会形成内凹的空洞，内凹达到一定深度时，空洞上部挂空的土体就会向下坍塌，接着波浪又对新形成的完整土质坡面进行淘蚀，形成新的内凹空洞，挂空土体又发生塌落，周而复始，最终表现为整个土质岸坡的坍塌破坏。因此有必要分析波浪作用下库区迎水坡面的稳定性。

2.5.1　风浪要素计算

据吉水站气象资料统计，峡江库区多年平均气温为 18.3℃；多年平均风速为 2.1m/s，最大风速为 17.7m/s（出现在 1984 年 7 月 20 日），相应风向为西南（SW）风，年最大风速多年平均值为 11.8m/s；正常蓄水位为 46.00m，在封闭或半封闭的水域，如水库，吹程通常为自观测点逆风向量至对岸的距离，该计算采用 1km。根据库区的气象水文数据，分析库区不同水位条件下的风浪要素（表 2.4）。

表 2.4　　　　　　　　　　　不同水位条件下风浪要素

水位 /m	计算风速 /(m/s)	吹程 /m	水域平均水深 /m	平均波高 /m	波长 /m	经验系数	糙率及渗透系数	设计爬高 /m	风壅水面高 /m	计算超高 /m
43.00	17.7	1000	8.0	0.27	6.74	1.05	0.9	1.05	0.01	1.06
44.00	17.7	1000	9.0	0.27	6.74	1.05	0.9	1.05	0.01	1.06

水位 /m	计算 风速 /(m/s)	吹程 /m	水域平 均水深 /m	平均 波高 /m	波长 /m	经验 系数	糙率及 渗透 系数	设计 爬高 /m	风壅 水面高 /m	计算 超高 /m
45.00	17.7	1000	10.0	0.27	6.74	1.05	0.9	1.05	0.01	1.06
46.00	17.7	1000	11.0	0.27	6.74	1.05	0.9	1.05	0.01	1.06

注：数据来源于吉水站气象统计资料。

风浪要素按《堤防工程设计规范》（GB 50286—98）附录 C 中的公式计算，计算方法为

$$\frac{g\overline{H}}{V^2}=0.13\,\text{th}\left[0.7\left(\frac{gd}{V^2}\right)^{0.7}\right]\text{th}\left\{\frac{0.0018\left(\frac{gF}{V^2}\right)^{0.45}}{0.13\,\text{th}\left[0.7\left(\frac{gd}{V^2}\right)^{0.7}\right]}\right\} \tag{2.1}$$

$$L=\frac{g\overline{T}^2}{2\pi}\,\text{th}\,\frac{2\pi d}{L} \tag{2.2}$$

$$\frac{g\overline{T}^2}{V}=13.9\left(\frac{g\overline{H}}{V^2}\right)^{0.5} \tag{2.3}$$

式中　$\overline{H}$——平均波高，m；

　　　$\overline{T}$——平均波周期，s；

　　　L——波长，m；

　　　V——计算风速，m/s，设计水位取历年汛期最大风速平均值的 1.5 倍，校核水位取历年汛期最大风速的平均值；

　　　F——风区长度，m；

　　　d——水域的平均水深，m；

　　　g——重力加速度，9.81m/s²。

波浪爬高按《堤防工程设计规范》（GB 50286—98）附录 C 中的公式计算。

当坡度系数 m 为 1.5～5 时，计算方法为

$$R_p=\frac{K_\Delta K_V K_p}{\sqrt{1+m^2}}\sqrt{\overline{H}L} \tag{2.4}$$

式中　R_p——累积频率为 p 的波浪爬高，m；

　　　m——坡度系数；

　　　K_Δ——斜坡的糙率及渗透性系数；

　　　K_V——经验系数；

K_p——爬高累积频率换算系数；

$\overline{H}$——堤前波浪的平均波高，m；

L——堤前波浪的波长，m。

风壅水面高度在有限风区的情况下，计算方法为

$$e = \frac{KV^2F}{2gd}\cos\beta \tag{2.5}$$

式中　e——计算点的风壅水面高度，m；

K——综合摩阻系数，取 $K = 3.6 \times 10^{-6}$；

V——设计风速，按计算波浪的风速确定；

F——计算点逆风向量到对岸的距离，m；

d——水域的平均水深，m；

β——计算风向与坝轴线法线的夹角，(°)，取 $0°$。

2.5.2　波浪破碎时岸坡坡面形态

令波浪在斜坡上破碎时的临界水深为 d_O，波峰 A 高出静水位的高程为 H_O，波浪破碎后，波峰水质点以射流形式循抛物线冲击斜坡，在射流与斜坡的交点 B 产生最大波压力和最大流速，浪破碎时岸坡坡面形态如图 2.2 所示。在图 2.2 中，坐标原点 O 置于斜坡坡面上，$+X$ 轴与波浪传播方向平行，$+Y$ 轴垂直向上并通过波浪最高点。

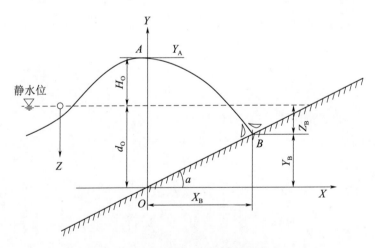

图 2.2　浪破碎时岸坡坡面形态

B 点的坐标 $(X_B，Y_B)$ 为

$$Y_B = \frac{X_B}{m'} \tag{2.6}$$

$$X_B = \frac{-\dfrac{V_A^2}{m_1} + V_A \sqrt{\dfrac{V_A^2}{m'^2} + 2g(d_O + H_O)}}{g} \tag{2.7}$$

式中　m'——等于 $\cot\alpha$，α 为斜坡坡面与水平面的交角；

　　　d_O——波浪在斜坡上破碎时的临界水深，m；

　　　H_O——波峰 A 高出静水位的高程，m；

　　　V_A——波浪破碎时波峰处水质点 A 的流速，m/s；

　　　g——重力加速度，9.81m/s^2。

　　V_A 计算方法为

$$V_A = n\sqrt{\frac{gL}{2\pi}\mathrm{th}\frac{2\pi d}{L}} + H\sqrt{\frac{\pi g}{2L}\mathrm{cth}\frac{2\pi d}{L}} \tag{2.8}$$

$$n = 4.7\frac{H}{L} + 3.4\left(\frac{m'}{\sqrt{1+m'^2}} - 0.85\right) \tag{2.9}$$

式中　H——波高，m；

　　　L——波长，m；

　　　d——波前水深，m；

　　　g——重力加速度，9.81m/s^2。

　　H_O、d_O 计算方法分别为

$$H_O = \left[0.95 - (0.84m' - 0.25)\frac{H}{L}\right]H \tag{2.10}$$

$$d_O = H\left(0.47 + 0.023\frac{L}{H}\right)\frac{1+m'^2}{m'^2} \tag{2.11}$$

　　正常蓄水位 46.00m 时，计算结果为：$m' = 2$，$H_O = 0.241$m，$d_O = 0.352$m，$Z_B = 0.056$m，$X_B = 0.421$m，$Y_B = 0.211$m（实际水位 $= 46.00 - 0.056 - 0.211 = 45.733$m），$V_A = 1.51$m^3/s。

　　死水位 44.00m 时，计算结果为：$m' = 2$，$H_O = 0.241$m，$d_O = 0.352$m，$Z_B = 0.056$m，$X_B = 0.421$m，$Y_B = 0.211$m（实际水位 $= 44.00 - 0.056 - 0.211 = 43.733$m），$V_A = 1.51$m^3/s。

2.5.3　波浪破碎时岸坡坡面波压力大小及分布

　　在破波冲击下，光滑斜坡上的最大波压力分布如图 2.3 所示。波压力分布特点是，破波冲击点 B 的压力最大，然后沿坡面向上、向下逐渐减小。最大波压力作用点 B 在静水位以下的垂直距离 Z_B 如图 2.3 所示，图中点 C 在静水位以上的垂直距离 Z_C 等于波浪在坡上的爬高。

15

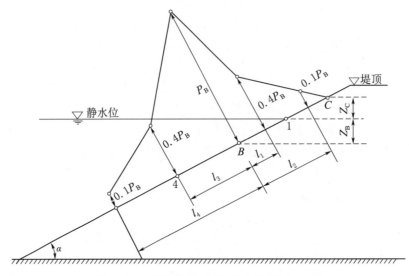

图 2.3   光滑斜坡上的最大波压力分布

最大波压力 P_B 计算方法为

$$P_B = C_1 C_2 \overline{P}_B \gamma H \tag{2.12}$$

$$C_1 = 0.85 + 4.8 \frac{H}{L} + m' \left(0.028 - 1.15 \frac{H}{L} \right) \tag{2.13}$$

式中 C_1——系数，由式（2.11）确定；

C_2——系数，见表 2.5；

$\overline{P}_B$——作用于斜坡上点 B 的最大相对波压力，kPa，见表 2.6；

γ——单位体积的水重，N/m³。

计算结果发现：最大波压力 $P_B = 1.358$（kPa）。

表 2.5   系   数 C_2

波浪坦度 $\frac{L}{H}$	10	15	20	25	35
C_2	1	1.15	1.3	1.35	1.48

表 2.6   最大相对波压力 $\overline{P}_B$

波高 H/m	0.5	1.0	1.5	2.0	2.5	3.0	3.5	≥4
$\overline{P}_B$	3.7	2.8	2.3	2.1	1.9	1.8	1.75	1.7

2.5.4   波浪对土质边坡稳定性的影响分析

波浪对土质边坡稳定性的影响主要体现在两个方面：①波浪水流回落时

产生的反向渗透力减小了抗滑力；②波浪对坡角的淘刷降低了抗滑力。在波浪作用下，假定其坡脚被淘刷的高度为 h_1（图2.4），同时在水边水下出现反向渗透力 P_t，水边位置作用强度为 p_t，往上爬至高处 R 为 0，其间直线变化，则由于水面以下坡体已假定淘空，反向渗透力不再计入。

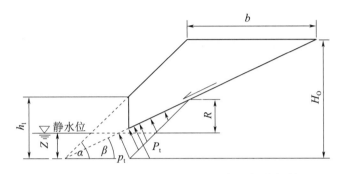

图 2.4 波浪作用下土坡平面滑动稳定分析简图

反向渗透力的计算方法为

$$P_t = \begin{cases} 0.5p_t R/\sin\beta & (Z \geqslant h_t\cot\alpha\tan\beta) \\ \dfrac{0.5p_t(R+Z-h_t\cot\alpha\tan\beta)^2}{R\sin\beta} & (R+Z-h_t\cot\alpha\tan\beta > 0) \\ 0 & (R+Z-h_t\cot\alpha\tan\beta < 0) \end{cases}$$

$$(2.14)$$

式中 p_t——水边位置作用强度，N/m^2；

R——设计波浪爬高，m；

h_t——波浪爬高，m；

Z——静水位高于坡脚值，m。

在波浪作用下的抗滑安全系数 K_{sl}，计算方法为

$$K_{sl} = f\cot\alpha + \frac{2H_OC(1-h_1\cot\alpha\tan\beta/H_O) - 2P_t f\cos\alpha\sin\beta}{\gamma_m[H_O^2\sin(\alpha-\beta) - h_1^2(1-\cot\alpha\tan\beta)\cos\alpha\sin\beta]} \quad (2.15)$$

式中 H_O——总高度，m；

f——摩擦系数；

C——黏聚力，kPa；

h_1——坡脚被淘刷的高度，m；

γ_m——容重，kN/m^3。

取断面 a，按蓄水高程 46.00m 工况计算，破裂面仰角 $\beta = 21°$，设计波浪爬高 $R = 1.05m$，静水位高于坡脚 $Z = 3.8m$，$h_1 = 1.05 + 3.8$（m），坡面倾角

$\alpha=27°$，总高度 $H_O=4.60\text{m}$，坡体风化层按碎石土考虑 $c=5\text{kPa}$，土壤内摩擦角 $\varphi=30°$，干密度为 1.72g/cm^3，含水量为 19%，摩擦系数为 0.3，坡体容重为 20.5kN/m^3。经计算，抗滑安全系数 K_{sl} 为 1.816，$1.816>1.2$，满足要求。

2.5.5　斜坡上波流速分布

斜坡上的波流速分布如图 2.5 所示。

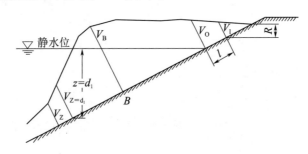

图 2.5　斜坡上的波流速分布

（1）水质点 B 的流速 V_B 计算方法为

$$V_B=\sqrt{\eta\left[(V_B)_X^2+(V_B)_Y^2\right]}\qquad(2.16)$$

式中　　　　η——因射流穿越斜坡回落的水垫层而使流速 V_B 减小的经验系数；

$(V_B)_X$、$(V_B)_Y$——V_B 分别在 X、Y 方向的分速，m^3/s。

η 计算方法为

$$\eta=1-(0.017m'-0.02)H\qquad(2.17)$$

$(V_B)_X$、$(V_B)_Y$ 计算方法为

$$(V_B)_X=V_A\qquad(2.18)$$

$$(V_B)_Y=-gt=-g\frac{X_B}{V_A}\qquad(2.19)$$

式中　V_A——波浪破碎时波峰处水质点 A 的流速，m/s；

　　　g——重力加速度，9.81m/s^2；

　　　t——时间，s；

　　　X_B——射流与斜坡的交点 B 的坐标，m。

V_A 计算方法为

$$V_A=n\sqrt{\frac{gL}{2\pi}\tanh\frac{2\pi d}{L}}+H\sqrt{\frac{\pi g}{2L}\operatorname{cth}\frac{2\pi d}{L}}\qquad(2.20)$$

式中　n——经验系数。

n 计算方法为

$$n = 4.7 \frac{H}{L} + 3.4 \left(\frac{m'}{\sqrt{1+m'^2}} - 0.85 \right) \tag{2.21}$$

（2）静水位处最大流速 V_O（$\mathrm{m^3/s}$）计算方法为

$$V_O = \frac{10K\sqrt{g}}{2\pi + m'} \sqrt[6]{H^2 L} \tag{2.22}$$

式中　K——糙率系数 K_1 与渗透系数 K_2 的乘积，近似取 0.9。

（3）静水位以上流速 V_1（$\mathrm{m^3/s}$）计算方法为

$$V_1 = V_O \left(1 - \frac{l}{R\sqrt{1+m'^2}} \right) \tag{2.23}$$

式中　l——自静水位向上沿斜坡至计算点的距离，m。

　　R——波浪在堤波上的爬高，m。

（4）水深 $Z = d_1$ 处直至坡脚，波流速计算方法为

$$V_Z = \frac{\beta \pi H}{\sqrt{\frac{\pi L}{g} \sinh \frac{4\pi Z}{L}}} \tag{2.24}$$

$$d_1 = \frac{1.22}{m'^{0.5}} \sqrt{HL} \tag{2.25}$$

式中　β——波动底流速修正系数，按表 2.7 取值。

表 2.7　　　　　　　　　　　　波动底流速修正系数

L/H	8	10	15	20
β	0.6	0.7	0.75	0.8

（5）斜坡上的波流速计算成果见表 2.8，流速分布图如图 2.6 所示。

表 2.8　　　　　　　　　　　　斜坡上的波流速计算成果

水位 /m	平均波高 H/m	波长 L/m	H_O	d_O	Z_B	X_B	Y_B	V_A	斜坡上的波流速/($\mathrm{m^3/s}$)			
									V_1	V_O	V_B	$V_{Z=0.95}$
46.0	0.27	6.74	0.24	0.35	0.06	0.42	0.211	1.5	0.74	3.02	3.12	—
44.0	0.27	6.74	0.24	0.35	0.06	0.42	0.211	1.5	—	—	3.12	0.275

注：H_O 为波峰高出静水位的高程，d_O 为波浪在斜坡上破碎时的临界水深，Z_B 为最大波压力作用点在静水位以下的垂直距离，V_1、V_O、V_B、V_Z 为高程 46.80m、46.00m、45.73m、45.05m 处波流速。

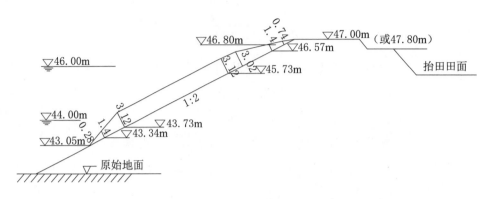

图 2.6 坡面波动底流速分布图（单位：m^3/s）

（6）计算结果。由图 2.6、表 2.8 可知，①库区迎水坡面在正常蓄水位、死水位条件下（未考虑回水高度），抗滑稳定性均满足要求；②风浪可爬高至高程 47.06m，基本平田埂，但已高出堤面（高程 46.80m）；③波动底流速最大为 $3.12m^3/s$，出现在高程 45.73～43.73m 坡面，波动底流速大，土质边坡不足以抵抗冲刷，取允许流速 $1.4m^3/s$，高程 43.34m 以下和高程 46.57m 以上坡面波动底流速小于土质边坡的允许流速；④波浪水流回落时产生的反向渗透力及波浪对坡脚的冲刷降低了土质边坡抗滑力，但稳定性满足要求；⑤未考虑船行波对库区边坡的影响，未考虑雨水对库区边坡冲刷的影响。

第3章 河湖堤岸迎水坡面护坡植物筛选

在河湖水位变化与堤岸迎水坡面稳定性分析的基础上，结合野外植被调查与模拟试验研究，从植物生物学特性、抗侵蚀性能以及耐淹能力等方面，筛选适宜迎水坡面不同水位条件下的优良护坡植物，为河湖堤岸迎水坡面生态防护技术与模式构建提供科学依据。

3.1 河湖堤岸护坡植物野外调查

3.1.1 研究区域

调查了解野外河湖堤岸植物组成及其多样性特点，可为河湖堤岸生态防护的草种选择提供科学依据。以《鄱阳湖区综合治理规划》中的湖区重点圩堤作为研究对象，包括赣东大堤樟树段、新干段、南昌县段，丰城市小港联圩，樟树市肖江堤，南昌县蒋巷联圩、三江联圩、清丰山左堤，鄱阳县鄱阳湖珠湖联圩、饶河联圩，九江县长江赤心堤、永安堤，永修县鄱阳湖三角联圩、修河九合联圩、新建区廿四联圩、余干县信瑞联圩、永修县九合联圩和万年县中洲圩等30余个重点堤防。

3.1.2 研究方法

（1）植物组成。采用线路踏查法，调查记录堤防的地理位置和出现的植物名称。现场不能确定名称的植物，采集标本带回室内进行鉴定，并制作成蜡叶标本。

（2）植物多样性特征。根据野外堤防样地的调查情况，堤防建设加固的土料主要有湖滨潮滩土与山地红黏土。采用样带与样方法，区分不同加固土料，调查堤防植物群落多样性特征。具体方法为：在研究区域内布设了30个10m×10m样地，在每个样地内，沿对角线方向设置5个1m×1m草本样方，共计150个草本样方。记录样方植物种类、数量、覆盖度和高度等指标。

（3）野外土壤采样。区分不同土料与植草模式，对堤防土壤种子库进行调查。在每个 $1m^2$ 草本样方内，用圆柱形取样器，分 $0\sim10cm$、$10\sim20cm$ 深度，沿主对角线方向，采集 3 个直径 7.8cm、深 10cm 的土柱，混合成 1 个土样，共计 300 个样品。

（4）土壤种子库萌发。采用种子萌发法确定土壤种子库密度。野外采集的混合土样用 0.2mm 孔径的土壤筛筛洗，去除土样中的植物根茎、块茎和其他杂物。为了提高土壤中种子的萌发率，一般需要在萌发试验之前对土壤先后进行冷、热处理，以助于打破种子休眠，尤其是坚硬的种子。之后将土样浓缩处理，这样可以在相对较短的时间内萌发出大量的幼苗。将土壤充分混匀后平铺到 25cm×20cm×5cm 的萌发盒中，土壤层厚度不超过 1cm，以保证尽量多的种子萌发。盒内提前装入约 3cm 厚的经过 120℃ 烘箱处理 12h 的细沙。

处理好的萌发盒摆放在江西省土壤侵蚀与防治重点实验室人工气候箱内，白天温度为 25℃，黑夜温度为 18℃，湿度为 75%，光周期为 12h。每天浇水一次，保证土样足够湿润。种子开始萌发后，每星期统计一次萌发情况。幼苗鉴定后随即拔除，暂时未能鉴定，标注后移出另行盆栽，直到可以鉴定出种类为止。若连续 2 个月都没有小苗萌发，即可认为土壤中所有种子都已萌发，实验就可结束。在种子萌发过程中，为了能使种子尽可能萌发，在移出已鉴定的幼苗之后，将萌发框中的土壤进行松动。

（5）数据处理与分析。植物群落多样性特征分析采用 α 多样性指数，主要包括 Margalef 丰富度指数、Simpson 指数、Shannon - Wiener 指数、Pielou 群落均匀度指数，利用 Excel 和 SPSS 进行制图和数据分析，运用单因素方差分析（One - way ANOVA）和多重比较（Duncan's test）检验不同处理之间的差异显著性。相关指数计算方法为

物种重要值　（相对频度＋相对密度＋相对覆盖度＋相对高度)/4　　　(3.1)

Margalef 丰富度指数　$I_{Ma} = (S-1)/\ln N$　　　(3.2)

Simpson 多样性指数　$D = 1 - \sum P_i^2$　　　(3.3)

Shannon - Wiener 多样性指数　$H_{sw} = -\sum P_i \ln P_i$　　　(3.4)

Pielou 群落均匀度指数　$J_{sw} = -\sum (P_i \ln P_i)/\ln S$　　　(3.5)

式中　　N——全部物种个体总数；

　　　　i——等于 1，2，3，…，S；

　　　　S——物种数目；

　　　　P_i——等于 M_i/M，M_i 为样地中第 i 物种的重要值，M 为样地中物种重要值的总和，且 $\sum M_i = M$。

3.1.3 植物多样性特征

（1）植物组成。利用线路踏查法，对重点堤防植物组成进行了调查，并整理出植物名录。共统计高等植物 106 种，隶属于 38 科、89 属（表 3.1，附录 2），占江西省种子植物（303 科、1231 属、4116 种）总科数的 12.54%、总属数的 7.23%、总种数的 2.58%。其中双子叶植物 33 科、66 属、80 种，分别占总科、总属、总种数的 86.84%、74.16%、75.47%。研究区植物组成中，双子叶植物占据主导地位，裸子植物和蕨类植物分布相对稀少。

表 3.1   重 点 堤 防 植 物 组 成

类　　　别		科数/个	占总科数/%	属数/个	占总属数/%	种数/个	占总种数/%
蕨类植物		2	5.26	2	2.25	2	1.89
裸子植物		1	2.64	1	1.12	1	0.94
被子植物	双子叶植物	33	86.84	66	74.16	80	75.47
	单子叶植物	2	5.26	20	22.47	23	21.70
总　　计		38	100	89	100	106	100

重点堤防植物生活型分析结果显示，湖区重点堤防背水坡植物以草本植物为主，共 74 种，占总种数的 69.81%，其中禾草有牛筋草、马唐、狗尾草、狗牙根、假俭草、橘草、雀稗、鸭嘴草、刺芒野古草等 19 种，非禾草有鬼针草、节节草、爵床、一年蓬、飞蓬、长萼堇菜、紫花地丁、酢浆草、斑地锦、叶下珠、蛇莓、鸡眼草、破铜钱、积雪草、车前等 55 种；乔木、灌木和藤本植物分别为 8 种、21 种、3 种，分别占总种数的 7.55%、19.81%、2.83%。重点堤防背水坡植物生活型组成如图 3.1 所示。

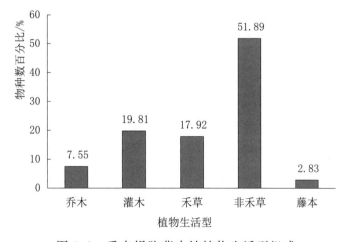

图 3.1　重点堤防背水坡植物生活型组成

（2）优势类群。对优势科属进行的统计分析结果（表3.2）表明，含8种及以上的科有禾本科、菊科和大戟科3科，占总科数的7.89%，种数占总种数的35.85%，是研究区分布最广的优势科。含有2～8种的科有蝶形花科、蓼科、蔷薇科、堇菜科、苋科、酢浆草科、伞形科、茄科、玄参科、马鞭草科、鸭跖草科、菝葜科、莎草科等16科。单种科有海金沙科、蕨科、松科、商陆科、藜科、千屈菜科、杨柳科、桑科、荨麻科等19科。优势属不明显，3种及以上的属仅有蓼属（5种）、悬钩子属（3种）、堇菜属（3种），占总属数的3.37%，占总种数的12.36%。

表 3.2　　　　　　　　　　重点堤防背水坡植物的优势科属

类别	名　称	种数/个	占总种数/%
科	禾本科（Gramineae）	19	17.92
	菊科（Compositae）	11	10.38
	大戟科（Euphorbiaceae）	8	7.55
	合　计	38	35.85
属	蓼属（Polygonum）	5	5.62
	悬钩子属（Rubus）	3	3.37
	堇菜属（Viola）	3	3.37
	合　计	11	12.36

根据植物种的重要值（表3.3和图3.2），发现堤防植物的优势种以草本植物为主，如狗牙根、马唐、狗尾草、鬼针草、牛筋草，相对重要值（P_i）分别为0.39、0.22、0.15、0.13、0.12；分布广泛的物种有马唐、狗牙根、鬼针草、狗尾草、牛筋草等，频度分别为88.89%、77.78%、66.67%、62.96%、48.15%。可以看出，分布广泛的物种也是该区域的优势种。这些物种的根茎、种子繁殖能力非常强，是堤防植物群落的建群种和先锋植物。

（3）多样性指数。通过比较4种多样性指数（图3.3）发现，两种加固土料堤防的植物群落多样性特征差异较大。湖滨潮滩土与山地红黏土的Margalef丰富度指数分别为7.69、4.30，Simpson指数分别为0.61、0.47，Shannon-Wiener指数分别为5.38、3.05，Pielou群落均匀度指数分别为1.51、1.02，在丰富度与多样性指数上，均以湖滨潮滩土大于山地红黏土。

表 3.3　　　　　　　**重点堤防主要植物重要值（M_i）**

植物名称	重要值	植物名称	重要值
狗牙根	17.20	红蓼	0.68
马唐	9.79	金樱子	0.61
狗尾草	6.62	斑地锦	0.58
鬼针草	5.90	构树	0.53
牛筋草	5.29	芒	0.51
豚草	3.69	蓼子草	0.50
假俭草	3.46	青葙	0.49
稗草	3.44	莠竹	0.38
香附子	3.18	菝葜	0.35
空心莲子草	3.16	一年蓬	0.35
飞蓬	3.08	毛蓼	0.35
三裂叶薯	2.64	商陆	0.33
节节草	2.57	荩草	0.31
薄荷	2.16	叶下珠	0.30
鸡眼草	2.09	爵床	0.30
白茅	1.93	苦楝	0.30
田菁	1.89	红花酢浆草	0.26
长芒稗	1.53	苎麻	0.26
杠板归	1.33	母草	0.25
结缕草	1.29	乌桕	0.19
野葡萄	1.20	鸡矢藤	0.18
野豌豆	1.19	大青	0.17
灰藜	0.97	大蓟	0.17
藿香蓟	0.96	龙葵	0.16
海金沙	0.96	枸杞	0.15
水蜈蚣	0.89	堇菜	0.14
地桃花	0.84	积雪草	0.11
苍耳	0.82	六月雪	0.10
莎草	0.74	算盘子	0.09

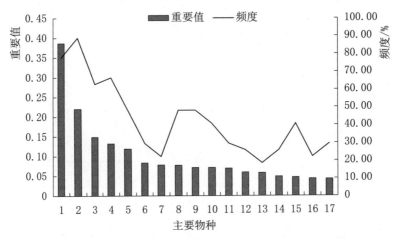

图 3.2 重点堤防主要物种相对重要值（P_i）及其频度分布

1—狗牙根（*Cynodon dactylon*）；2—马唐（*Digitaria sanguinalis*）；3—狗尾草（*Setaria viridis*）；
4—鬼针草（*Bidens pilosa*）；5—牛筋草（*Eleusine indica*）；6—豚草（*Ambrosia artemisiifolia*）；
7—假俭草（*Eremochloa ophiuroides*）；8—稗草（*Echinochloa crusgalli*）；9—香附子（*Cyperus rotundus*）；10—空心莲子草（*Alternanthera philoxeroides*）；11—一年蓬（*Erigeron annuus*）；
12—三裂叶薯（*Ipomoea triloba*）；13—节节草（*Equisetum ramosissimum*）；
14—薄荷（*Mentha haplocalyx*）；15—鸡眼草（*Kummerowia striata*）；
16—白茅（*Imperata cylindrica*）；17—田菁（*Sesbania cannabina*）

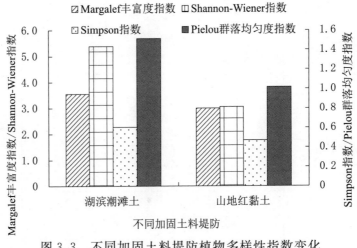

图 3.3 不同加固土料堤防植物多样性指数变化

3.1.4 堤防土壤种子库特征

土壤种子库是指存在于土壤表面（一般指凋落物层）和土壤中的全部存活种子的总和。对堤防土壤种子库进行调查，有利于认识土壤种子物种多样性与地表植被的相关性，了解堤防植被群落演替的特征，也可以为研究如何控制堤防杂草萌发和控高除杂提供基础数据和科学依据。

根据不同加固土料堤防的土壤种子库分析结果（图3.4）可知，湖滨潮滩土的土壤种子库密度明显大于山地红黏土。其中0～10cm深度土层表现为湖滨潮滩土（7609粒/m²）＞山地红黏土（753粒/m²），差异显著（P＜0.05，下同）；10～20cm深度土层表现为湖滨潮滩土（972粒/m²）与山地红黏土（1040粒/m²）间无显著差异。

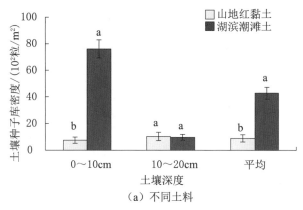

（a）不同土料

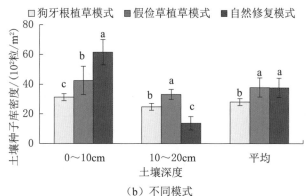

（b）不同模式

图3.4　不同加固土料堤防土壤种子库密度

a、b、c——不同处理之间差异显著，P＜0.05

不同植草模式下的土壤种子库密度大小规律为：假俭草植草模式、自然修复模式大于狗牙根植草模式。其中0～10cm深度土层表现为自然修复模式（6154粒/m²）＞假俭草植草模式（4255粒/m²）＞狗牙根植草模式（3120粒/m²），差异显著；10～20cm深度土层表现为假俭草植草模式（3314粒/m²）＞狗牙根植草模式（2473粒/m²）＞自然修复模式（1370粒/m²），差异显著。不同土料类型与植草模式下0～10cm深度土壤种子库数量明显多于10～20cm深度土壤。

3.1.5　堤防植物多样性与土壤种子库的关系

根据相关性分析结果（表3.4）发现，转换对数的土壤种子密度与转换对数的物种数、Simpson 指数、Shannon - Wiener 指数和 Pielou 群落均匀度指数呈显著正相关，与转化对数的地上植被密度和重要值呈极显著正相关（$P <$ 0.01），而与 Margalef 丰富度指数无显著相关性。这说明堤防土壤种子库密度与地上植物多样性特征存在较好的相关性。

表 3.4　　　　　　　　　堤防土壤种子库与地上植物多样性的相关性

地上植物多样性指数	地上植被密度对数	物种数对数	地上植被重要值对数	Margalef 丰富度指数	Simpson 指数	Shannon - Wiener 指数	Pielou 群落均匀度指数
土壤种子库密度对数	0.841**	0.486*	0.598**	0.153	0.496*	0.475*	0.441*

注：* 表示 $P < 0.05$，** 表示 $P < 0.01$。

回归分析显示（图 3.5），转换对数的土壤种子密度与转换对数的物种数、Shannon - Wiener 指数间的关系可用二次曲线来描述；与转换对数的地上植被重要值、Simpson 指数，可分别用二次曲线和线性方程描述；与对数转换的地上植被密度呈幂函数相关，而与 Pielou 群落均匀度指数的二次函数的相关性不显著。

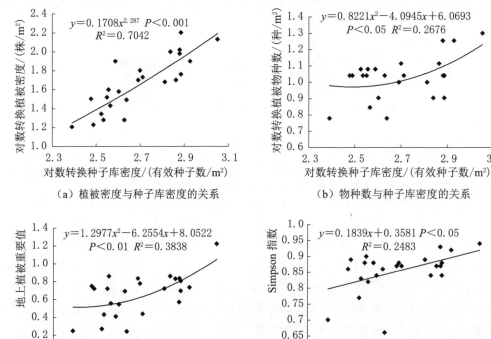

（a）植被密度与种子库密度的关系　　　（b）物种数与种子库密度的关系

（c）重要值与种子库密度的关系　　　（d）Simpson指数与种子库密度的关系

图 3.5（一）　堤防土壤种子库密度与地上植被特征的关系

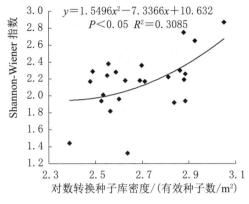
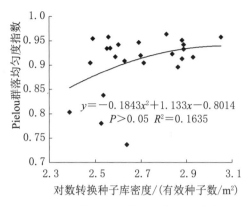

（e）Shannon-Wiener 指数与种子库密度的关系　　（f）Pielou 群落均匀度指数与种子库密度的关系

图 3.5（二）　堤防土壤种子库密度与地上植被特征的关系

3.2　基于植物生物学特性筛选

3.2.1　草本采挖

在调查过程中，将调查区域内的优势草种（丰度、盖度等）进行初选，并将初选的草本植株采集回实验室进行分析。为了更好地分辨不同草本品种的生物学特征，选择样方内相对集中的纯种草本进行采集，将植株地上地下部分全部采集装袋，然后带回实验室进行清洗。

3.2.2　地上地下生物量收集

每个样方采集 2 个 20cm×20cm×40cm（长×宽×深）的草本样块，将采集回来的植株样品放入静水中饱和静置 2h。为了最大可能地区分植株根系情况，将静水中饱和静置后的草本样品放在水龙头下轻轻清洗，将土壤慢慢过滤，多次清洗干净之后，将草本样品风干 2h，然后将完整的单株草本整理好平整放在地板上，安装刻度标尺，进行植株样品影像采集，计算草本的地上地下长度分布特征。

用剪刀将采集的草本植株样品的根系和地上生物量分离，采用植物根系测定仪对剪下来的根系进行测定（图 3.6）。植物根系测定仪是一套用于洗根后的多参数根系图像扫描分析系统，可以分析根系长度、直径、面积、体积、根尖数等，广泛运用于根系形态和构造研究。草本根系的总根长、总表面积、总体积、平均直径等均由植物根系测定仪自带的计算软件计算得出。将扫描之后的根系及地上部分放入 60℃烘箱内烘干至恒重，然后称取重量，计算不同类型草本的地上生物量和地下生物量。

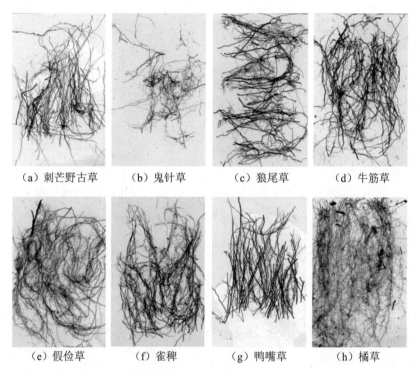

| （a）刺芒野古草 | （b）鬼针草 | （c）狼尾草 | （d）牛筋草 |

| （e）假俭草 | （f）雀稗 | （g）鸭嘴草 | （h）橘草 |

图 3.6　典型乡土草本的根系扫描图

3.2.3　不同草本地上生物量及高度

表 3.5 所示为不同水土保持优势草本品种生物学特征指标，从表中可以看出，地上生物量最高为橘草，单位样方内总重量为 134.2g，其次为狼尾草的 86.7g，狗牙根、假俭草、鬼针草依次为 18.4g、21.1g 和 21.9g。地下生物量最高为橘草的 9.11g，其次为假俭草的 7.14g，狗牙根和狼尾草均为 6.77g，最低为牛筋草，仅 3.24g。从地上生物量和地下生物量可以看出，橘草不仅地上生物量最大，地下生物量也非常高，而鬼针草相反，地上生物量和地下生物量均最低。假俭草的地下生物量较大，但地上生物量相对偏低。

表 3.5　　　　　　　　不同水土保持优势草本品种生物学特征指标

植物种类	地上生物量/g	地下生物量/g	地上高度/cm	根系深度/cm
刺芒野古草	28.6	4.89	74.6	18.4
鬼针草	21.9	3.41	84.7	7.6
狼尾草	86.7	6.77	47.3	14.7
牛筋草	41.1	3.24	31.2	23.7

续表

植物种类	地上生物量/g	地下生物量/g	地上高度/cm	根系深度/cm
假俭草	21.1	7.14	9.4	26.5
雀稗	48.5	4.25	56.8	22.7
鸭嘴草	33.8	4.77	71.5	15.8
狗牙根	18.4	6.77	35.4	26.1
橘草	134.2	9.11	98.4	34.2

从不同草本品种的地上高度和根系深度分布可以看出，橘草的地上高度最高，为98.4cm，其次鬼针草，为84.7cm，刺芒野古草和鸭嘴草比较接近，分别为74.6cm和71.5cm，最矮的品种为假俭草，地上高度仅为9.4cm，显著低于其他草本类型。根系深度的分布表明橘草根系不但量大，且分布的深度也比较深，为34.2cm，其次为假俭草的26.5cm，狗牙根次之，为26.1cm。根系分布最浅的为鬼针草的7.6cm。

综合水土保持优势乡土草本筛选的特征，从不同草本地上生物量、地下生物量、地上高度、根系深度等指标可以看出，橘草不但地上生物量、地下生物量大，且地下根系分布比较深，从野外实际调查的结果来看，橘草的分布也比较广，干旱的侵蚀劣地、贫瘠的花岗岩区等地均能形成优势种群，然而这一品种只适合进行生态自然恢复，虽然生长迅速，但是景观效果比较差。

针对河湖堤岸，以及一些水土保持治理工程措施的生态化改造等当下急需的治理类型，考虑到美观效果和多重生态效益，假俭草虽然地上生物量不是很大且长得不高，但是它属于匍匐茎品种（图3.7），更利于防治地表降雨侵蚀和集中水流冲刷等南方红壤区主要的水力侵蚀类型。因此，后续研究更多集中于假俭草的固土护坡机制研究，以满足实践需求。

3.2.4　不同草本根系特征指标

根据草本根系的扫描结果，计算总根系的长度，将总根长和根系取样的体积相除即得根系长度密度（km/m³），根系的重量密度（kg/m³）由根系干重量除以取样体积获取。

从表3.6可以看出，根系长度密度最大为橘草的8.31km/m³，其次为假俭草的7.54km/m³，狗牙根的为6.78km/m³，最低为鬼针草，仅为0.88km/m³，狼尾草和鸭嘴草较低，分别为3.11km/m³和3.91km/m³。根系重量密度和根系干重趋势一致，最高为橘草的0.57kg/m³，其次为假俭草的0.45kg/m³和

图 3.7　河湖堤岸假俭草护坡景观

狗牙根的 0.42kg/m³，最低为牛筋草的 0.20kg/m³。

表 3.6　　　　　　　　　　不同优势草本品种地下根系特征

植物种类	根系长度密度 /(km/m³)	根系重量密度 /(kg/m³)	根系总体积 /cm³	平均直径 /mm
刺芒野古草	5.64	0.31	7.52	0.59
鬼针草	0.88	0.21	3.77	0.56
狼尾草	3.11	0.42	7.99	0.62
牛筋草	4.33	0.20	6.12	0.68
假俭草	7.54	0.45	11.33	0.61
雀稗	4.56	0.27	6.87	0.57
鸭嘴草	3.91	0.30	9.11	0.56
狗牙根	6.78	0.42	9.84	0.57
橘草	8.31	0.57	10.77	0.53

不同草本品种，除了根系的长度和重量存在显著差异之外，根系的直径差异也非常大。对于橘草来说，虽然根系的长度密度和重量密度都是最大的，但由于都是细根系，根系的平均直径是所有测试草本里面最低的，仅为0.53mm，根系直径最大的草本品种为牛筋草（0.68mm），其次为狼尾草（0.62mm）。根系的平均直径跟根系的总体积存在一定关系，跟假俭草相比，橘草的根系长度密度和重量密度都比较高，但由于根系平均直径显著低于假俭草，根系的总体积为 10.77cm³，低于假俭草的 11.33cm³。

根据试验结果可知，橘草的地上生物量和地下生物量是最大的，其次为假俭草和狗牙根，并且都比较容易形成优势种群，便于大面积分布和传播，刺芒野古草则在土层比较薄、土壤水分和质量较差的区域竞争优势比较大。

在试验分析的草本类型中，橘草的株高比较高（＞50cm），且地上生物量、地下生物量比较大；假俭草属于低矮匍匐型品种，地上高度为10cm左右，但地下生物量比较大，且根系直径比橘草、狗牙根、刺芒野古草等都更大；狗牙根和刺芒野古草的生物量相对较高，且株高主要分布在20～50cm。因此在进行迎水坡面土壤流失防护时，可根据需要，优先使用上述乡土草种进行生态修复。

3.3　基于植物抗侵蚀能力筛选

保护迎水坡面土壤是生态防护和植被重建的前提。迎水坡面侵蚀营力复杂，包括涌浪侵蚀、坡面降雨径流侵蚀、崩塌和蠕滑，其中以崩塌和涌浪侵蚀最为突出，土壤侵蚀强烈且危害大，土质边坡土壤保护成为生态防护和植被生态重建的首要难题。尤其是库水涨落、水文地质条件的改变，一方面会导致岩土抗剪强度的降低，引起岩土自重及动、静水压力的变化，从而影响岸坡的稳定；另一方面长期淹水引起边坡地表植被大面积消亡，降雨及径流直接作用于裸露土壤，加剧了降雨径流侵蚀。

3.3.1　不同护坡植物降雨-径流-侵蚀特征

采用人工模拟降雨的手段，对裸露坡面（BL）、自然恢复坡面（NRS）、狗牙根护坡坡面（BS）、结缕草护坡坡面（ZJS）和假俭草护坡坡面（EOS）五种坡面类型在不同降雨条件下的径流、泥沙的流失特征进行研究（图3.8），为后期迎水坡面植草护坡草种选择提供科学依据。

图3.8　野外模拟降雨试验

每种植草模式各选取3块坡度一致的样地设置为试验区（共计15块样地），不同植草模式样地的基本特征见表3.7，试验小区规格均为2m（堤防岸线方向）×3m（顺坡方向）。每块样地中间用不锈钢挡板隔开，作为样地内的一次重复，分隔后的径流小区面积为1m×3m。每个径流小区出口处挖一直径为 0.5m、深为 0.5m 的坑，以便收集径流泥沙样品。根据试验区域历史资料以及实际情况，每种下垫面设置 4 场降雨，降雨强度（简称"雨强"）分别为 20mm/h、40mm/h、90mm/h、150mm/h。每场降雨历时 30min。两场降雨之间间隔 1h。每次变换雨强前都进行预降雨，使土壤含水量饱和，以降低下垫面差异对径流泥沙的影响。

表 3.7　　　　　　　　　　试 验 样 地 基 本 特 征

样地	覆盖度 /%	土壤容重 /(g/cm³)	最大入渗率 /(mm/min)	pH 值	总有机碳 /(g/kg)	全氮 /(g/kg)	全磷 /(g/kg)
BL	2±1	1.64±0.06	0.26±0.03	6.65±0.77	1.74±0.31	0.34±0.02	0.22±0.01
NRS	48±6	1.62±0.05	0.29±0.02	5.49±0.39	5.85±1.37	0.48±0.10	0.23±0.03
BS	86±4	1.57±0.05	0.35±0.03	4.74±0.02	5.21±0.02	0.71±0.07	0.27±0.02
ZJS	64±5	1.61±0.04	0.33±0.03	4.83±0.00	3.90±0.00	0.49±0.01	0.36±0.04
EOS	72±4	1.60±0.05	0.31±0.04	4.88±0.05	2.39±0.15	0.35±0.04	0.22±0.00

注：数据为平均值±标准误差（$n=3$），余同。

（1）初始产流时间。初始产流时间反映不同措施处理下坡面径流对降雨强度的响应。监测结果表明，当雨强相同时，裸地初始产流时间最短，其次分别是自然恢复样地、结缕草样地、假俭草样地和狗牙根样地。当坡面存在植被覆盖时，不同雨强条件下坡面产流时间较裸露坡面均有较大幅度的延长（图 3.9）。方差分析进一步表明，四种存在草本覆盖的护坡模式与裸地之间均存在显著性差异（$P<0.05$），但四种植草护坡模式之间不存在显著差异（$P>0.05$）。另外，随着雨强的增大，五种下垫面下初始产流时间都有所降低，并且裸地初始产流时间减小的幅度较小，而存在草本覆盖情况下的初始产流时间下降的幅度较大。

通过分析发现，初始产流时间的响应与坡面覆盖度存在密切联系，因为初始产流时间的排序与实际情况中的不同坡面覆盖度排序完全一致，都表现为 BS（86%）＞EOS（72%）＞ZJS（64%）＞NRS（48%）＞BL（2%），即随着覆盖度的增加，初始产流时间逐步降低。这与相关研究结果一致，如张翼夫等（2015）研究表明，自然降雨过程中，当雨强为 10～80mm/h 时，与裸露坡面相比，15%、30%、60% 和 90% 的秸秆覆盖度坡面推迟产流时间分别为 1.0～15.4min、2.1～22.1min、3.4～48.2min 和 5.9～73.6min。钱婧（2015）也认为影响初始产流时间最大的因素是植被覆盖度，植被的介入可削弱坡长对初始产流时间的影响。

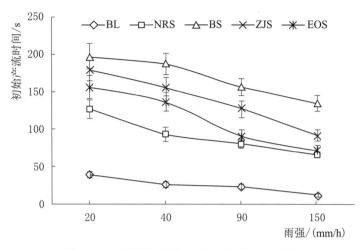

图 3.9 不同植草坡面径流初始产流时间

（2）坡面流速。试验表明，相同雨强下，与 BL 相比，其他四种下垫面条件下径流流速显著降低（$P<0.05$，图 3.10）。这说明草本覆盖护坡处理都具有降低坡面流速的作用，减小了径流动能，从而可以削弱径流的剥蚀地表能力，有效抑制泥沙流失，保护堤防坡面。另外，各处理下地表径流流速都随着雨强的增大而增大。方差分析进一步表明，在 20mm/h、40mm/h 和 90mm/h 三种雨强下，几种存在植物覆盖的护坡之间径流流速没有明显差异（$P<0.05$）；当雨强增大到 150mm/h 时，则存在较大差异，表现为 EOS<BS<NRS<ZJS<BL。与 BL 相比，NRS、BS、ZJS 和 EOS 流速分别降低了65.9%、69.4%、56.4%和81.2%，说明堤防坡面植草后可以有效降低大雨强下的坡面流速，并且 EOS 护坡模式减缓坡面流速的效果最为明显。

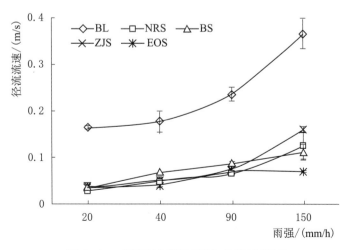

图 3.10 不同植草坡面地表径流流速

不同处理之间坡面流速的差异主要是由坡面糙率决定的，糙率越大流速越小，而坡面糙率又与草本层高度、排列格局、覆盖度等密切相关（Jarvela，2002；张冠华等，2014；张升堂等，2015）。尽管 EOS 坡面覆盖度不是最高，但由于采用的是草茎穴状的栽植方式，地表糙率差异较大，因此径流流速较低。流速的大小决定着水流对泥沙的搬运强度。因此，坡面植草能明显延缓坡面水流速度，从而减少水流对坡面的侵蚀力，起到保持水土和保护堤防坡面的作用。

（3）土壤侵蚀特征。各处理土壤流失量总体上随着降雨强度的增大而增大，但不同植草模式下土壤流失量的变化对雨强变化的响应存在较大差异，特别是植草堤防坡面与 BL 堤防的差异较为明显（表 3.8）。例如，当雨强由 20mm/h 增加到 150mm/h 时，BL 土壤流失量从 132.8g 增加到 4747.6g，增加了近 35 倍，而 NRS、BS、ZJS 和 EOS 植草模式下土壤流失量分别增加了 3 倍、2 倍、7 倍和 13 倍，说明与 BL 相比，植草护坡能有效减少边坡土壤侵蚀。

表 3.8　　　　　　　　　　　不同植草模式下土壤流失量　　　　　　　　　单位：g

植草模式	雨强/(mm/h)			
	20	40	90	150
裸地	400.0±34.4	318.5±23.4	1496.9±145.4	4747.6±275.4
自然恢复	49.8±5.6	55.0±6.7	62.2±12.4	200.6±12.8
狗牙根地	17.1±3.5	27.6±4.3	47.7±9.5	57.5±5.0
结缕草地	23.5±6.7	36.4±4.6	75.8±6.6	185.1±23.2
假俭草地	36.7±5.5	87.4±12.4	141.9±23.3	525.4±34.3

另外，各降雨条件下不同植草模式之间的土壤流失量也存在明显差异。以 BL 为核算基数，比较了不同植草模式对土壤流失量的抑制效应（表 3.9）。在 20mm/h 的降雨条件下，几种植草模式的减沙顺序表现为：BS＞ZJS＞EOS＞NRS；在 40mm/h 的降雨条件下，减沙顺序为：BS＞ZJS＞NRS＞EOS；在 90mm/h 的降雨条件下，减沙顺序为：BS＞NRS＞ZJS＞EOS；在 150mm/h 的降雨条件下，减沙顺序表现为：BS＞ZJS＞NRS＞EOS。这说明随着雨强的增大，四种堤防护坡模式对泥沙流失的阻控作用越来越强。

表 3.9	不同植草模式对土壤流失量的阻控效应（以裸地为参照）			%
植草模式	雨强/(mm/h)			
	20	40	90	150
自然恢复	37.5	17.3	4.2	4.2
狗牙根地	12.9	8.7	3.2	1.2
结缕草地	17.7	11.4	5.1	3.9
假俭草地	27.6	27.4	9.5	11.1

（4）坡面径流特征。试验结果表明，不同植草堤防坡面径流系数对雨强的响应具有较大差异。BL 和 NRS 径流系数均随雨强的增大而逐步增大，20mm/h 雨强下分别为 0.25 和 0.23，150mm/h 雨强下则增大至 0.90 和 0.72。这主要是因为 BL 和 NRS 植被覆盖度较低，坡度较缓并且堤防坡面压实度较高，土壤入渗能力小造成大部分降雨都转换成地表径流。随着雨强的增大，BS 径流系数呈现先减小后增大的趋势（图 3.11）。在 20mm/h 的降雨条件下径流系数最大（0.51），而后迅速减小，在 40mm/h 和 90mm/h 的降雨条件下，径流系数分别为 0.38 和 0.31，而到 150mm/h 的降雨条件下，其径流系数增加到 0.48。这可能因为狗牙根成坪处理覆盖度高，在小雨强下，降雨径流还没有达到土壤表面，就从草面形成径流流走；随着雨强的增大，降雨径流沿茎根到达土壤地面，形成土壤入渗，径流系数下降，随着雨强的继续增大，超过土壤入渗能力时，径流系数开始增大。ZJS 和 EOS 两种植草模式堤防坡面径流系数对雨强的响应没有明显规律，分别在 0.42～0.54 和 0.35～0.54 之间变动。这可能因为这两种植草模式坡面覆盖度较低，初始径流系数较大，同时堤防坡面经过平整压实，土壤孔隙小，降雨很快形成径流，径流系数较高，但随着雨强的增大，地表被剥蚀、搬运侵蚀后，地表糙率增大，土壤入渗增加，所以径流系数维持在一个相对稳定的水平。

总体而言，小雨强下（20mm/h），四种存在植被覆盖的堤防坡面与 BL 的径流系数差别不明显。但在另三种雨强条件下，四种植草坡面的径流系数都低于 BL。这说明堤防进行植草防护后都能够有效抑制地表径流的产生。而且随着雨强的增大，植草坡面与 BL 径流系数的差异越来越大，表明堤防植草防护坡面对地表径流的抑制作用在大雨强下表现得更明显（图 3.11）。地表径流是泥沙流失的直接驱动力，因此，在大雨强下进行植草防护更能有效减少堤防坡面的泥沙损失，有效保护堤防，起到固土护堤的作用。

3.3.2　不同覆盖度下假俭草抗侵蚀性能

（1）材料与方法。试验用土均为第四纪红壤（0～40cm 层），采自江西水

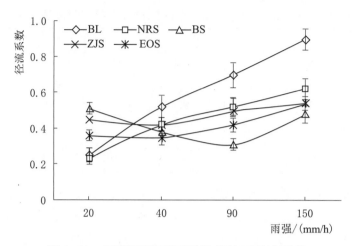

图 3.11　不同雨强下不同植草坡面径流系数

土保持生态科技园，土壤基本理化性质详见表 3.10。将土样风干后，过 5mm 筛，供人工模拟降雨试验使用。

表 3.10　试验区土壤基本理化性质

pH 值	有机质 /(g/kg)	全氮 /(g/kg)	全磷 /(g/kg)	全钾 /(g/kg)	粒级组成/%			
					>0.01mm	>0.05mm	<0.05mm	<0.001mm
5.1	15.5	0.8	0.7	17.0	36.9	5.8	94.2	30.1

室内人工模拟降雨试验是在江西水土保持生态科技园的人工模拟降雨大厅进行的。降雨大厅建筑面积约为 $1776m^2$，整体划分为四个独立降雨区，其中三个为下喷式区，雨强控制范围为 $10\sim180mm/h$，一个为侧喷区，雨强可在 $30\sim300mm/h$ 之间变化。降雨高度均为 18m，使模拟降雨雨滴能达到终点速度，降雨特性与自然降雨相似。喷头下方设置有移动式遮雨槽，尽量降低无效降雨的影响。

试验采用定制的可调坡度的钢制土槽，规格为 $1.5m\times0.5m\times0.5m$（长×宽×深），分别在土槽 5cm、45cm 和土槽底部处设置 3 个出水口，分别收集地表径流和泥沙、壤中流和底层渗漏过程样品，装置如图 3.12 所示。考虑到坡耕地长期耕作导致的耕层结构因素，秸秆覆盖试验土槽壤中流设置两个出口，具体分别在距土槽 20cm、45cm 处设置耕层壤中流和犁底层壤中流出口。在试验土槽底部铺设 5cm 厚粗砂，便于透水，粗砂层上部铺无纺布，防止土壤进入碎石层。

室内模拟试验所用草本为假俭草。假俭草是南方红壤区重要的先锋水土保持植物，广泛应用在南方红壤区各种水土流失区。种植方式为条播，行宽

图 3.12　模拟降雨试验土槽装置

为 5cm，覆盖度分别为 20%、40%、60%、80%，裸露对照样地不种植植物，覆盖度为 0，进行人工模拟降雨试验。模拟降雨强度结合当地侵蚀性降雨标准进行设计，分别为 45mm/h、90mm/h 和 135mm/h，降雨历时为 90min。综合南方红壤低山丘陵区坡地分布及地形等因素，试验坡度设定为 10°、15°，具体试验设计见表 3.11。

表 3.11　　　　　　　　假俭草覆盖模拟降雨试验设计

覆盖度 /%	降雨强度 /(mm/h)	坡度 /(°)	降雨历时 /min
0	45	10	90
	90	10	90
	135	10	90
	90	15	90
20	45	10	90
	90	10	90
	135	10	90
	90	15	90
40	45	10	90
	90	10	90
	135	10	90
	90	15	90

覆盖度 /%	降雨强度 /(mm/h)	坡度 /(°)	降雨历时 /min
60	45	10	90
	90	10	90
	135	10	90
	90	15	90
80	45	10	90
	90	10	90
	135	10	90
	90	15	90

将风干过筛的土壤填入试验土槽中，填土前对待填土样的土壤含水率进行测定，以便确定控制填土所需的质量，土壤容重为 $1.20g/cm^3$，分层填土，每 5cm 一层，每填一层土壤后，用夯实器夯实土壤，达到预期填土高度，填土厚度为 40cm，在每填一层土壤前将土柱内土壤表层抓毛，防止土壤分层现象。保证每层填土的质量一致，以及土壤容重和土壤颗粒空间分布的一致性。

降雨试验开始前，对人工模拟降雨系统进行率定，以达到试验要求。为了保证土壤前期含水率一致，采用细口洒水壶均匀地往土壤表面洒水进行预湿润。湿润过程中，要求壶口不高于土面 20cm，土壤表面无明显积水，以减少湿润过程对土壤表面的影响，以底部出水口形成稳定渗流为标准，达标后停止湿润。预湿润结束后，用塑料膜覆盖土槽，静置 24h 自由排水，防止土壤水分蒸发。降雨器为下喷式喷头，降雨有效高度为 18m，保证雨滴达到终点速度，雨强可连续变化范围为 10～300mm/h，降雨均匀度大于 0.80。

当降雨产流后，记录产流时间，并用 15L 的水桶开始接取地表径流泥沙、壤中流、底层渗漏样品，每隔 3min 测量记录径流量，采集一个泥沙样品，并分别在降雨 30min、45min、60min 时，采用 K_2MnO_4 示踪法测定坡面径流流速。降雨结束后，将泥沙样品沉淀后倒出上清液，转移到铝盒中，在 105° 下烘干称重，计算水分入渗和产流产沙量。

（2）坡面产流产沙过程。图 3.13 为不同假俭草覆盖度下地表径流产流过程，不同处理间坡面地表径流产流曲线基本一致，先随降雨时间的增加而迅速增加，之后趋于基本稳定阶段。小降雨强度（45mm/h）下坡面径流系数达到峰值的时间为 30min，随着降雨强度的增大，地表径流系数峰值所需时间降低为 10min。地表径流系数峰值均随假俭草覆盖度的增大而减小，其次相对地表裸露，高假俭草覆盖度的地表径流过程曲线相对平缓，波动较小。

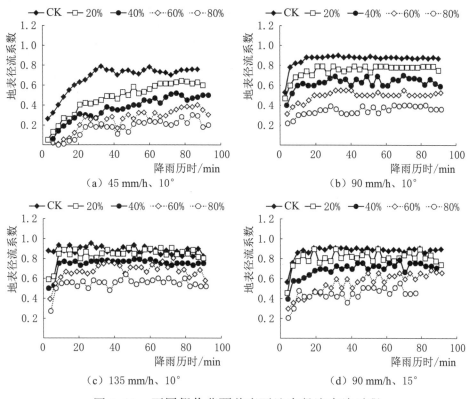

图 3.13　不同假俭草覆盖度下地表径流产流过程

图 3.14 为不同假俭草覆盖度下坡面产沙过程，不同降雨强度、坡度下，地表裸露的坡面产沙曲线波动范围较大，变异系数为 0.32～1.56（均值为 0.88），以大降雨强度（135mm/h）下波动最大，变异系数为 1.56；而不同假俭草覆盖度下坡面产沙曲线相对较为平缓，覆盖度越大，降雨过程泥沙浓度波动越小，随降雨强度的增大泥沙浓度波动增大，如 45mm/h 降雨强度下泥沙浓度变异系数为 0.11～0.14（均值为 0.13），90mm/h 降雨强度下泥沙浓度变异系数为 0.07～0.43（均值为 0.26），135mm/h 降雨强度下泥沙浓度变异系数为 0.17～0.85（均值为 0.42）。

（3）坡面产流产沙特征。表 3.12 为不同假俭草覆盖度下红壤坡面产流特征，由表可知，假俭草覆盖坡面后，初始产流时间明显延长，且随假俭草覆盖度的增加，延长时间增加，随降雨强度、坡度的增加，延长时间减小。45mm/h 降雨强度下初始产流时间由 1min 延长为 6min，135mm/h 降雨强度下由 1min 延长至 1.3min。不同降雨强度、坡度下假俭草覆盖能有效降低地表

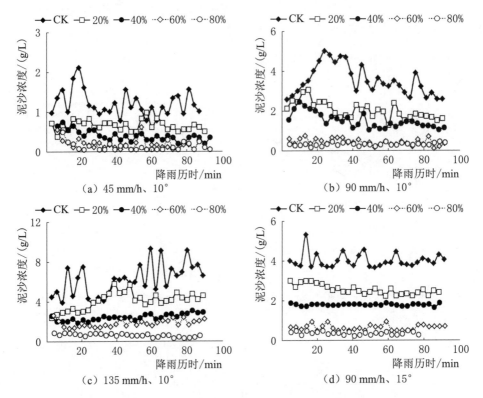

图 3.14 不同假俭草覆盖度下坡面产沙过程

径流系数，随降雨强度、坡度的增大降幅减小，随假俭草覆盖度的增加降幅增加。与地表裸露相比，80％假俭草覆盖度小区在不同降雨强度下地表径流系数减小 73.13％、59.30％、37.50％，在不同坡度下地表径流系数减小59.30％、49.43％。这说明与地表裸露相比，小雨强（45mm/h）、小坡度（10°）、高覆盖度（80％）下地表径流减流效应最大，平均流量、峰值流量、总流量分别减小 73.68％、61.36％、73.13％。

表 3.12　　　　　　　　不同假俭草覆盖度下红壤坡面产流特征

坡度 /(°)	雨强 /(mm/h)	覆盖度 /％	初始产流时间/min	径流系数	平均流量 /(L/min)	峰值流量 /(L/min)	总流量 /L
10	45	0	1.0	0.67	0.38	0.44	33.92
		20	1.0	0.47	0.26	0.36	23.79
		40	3.0	0.37	0.21	0.29	18.73
		60	3.0	0.25	0.14	0.23	12.66
		80	6.0	0.18	0.10	0.17	9.11

坡度 /(°)	雨强 /(mm/h)	覆盖度 /%	初始产流时间/min	径流系数	平均流量 /(L/min)	峰值流量 /(L/min)	总流量 /L
10	90	0	1.0	0.86	0.97	1.51	87.08
		20	1.0	0.75	0.84	1.34	75.94
		40	1.0	0.63	0.71	1.18	63.79
		60	1.3	0.49	0.55	0.93	49.61
		80	1.5	0.35	0.39	0.68	35.44
10	135	0	1.0	0.88	1.49	3.73	133.65
		20	1.0	0.84	1.42	3.43	127.58
		40	1.0	0.75	1.27	3.00	113.91
		60	1.0	0.67	1.13	3.04	101.76
		80	1.3	0.55	0.93	2.43	83.53
15	90	0	1.0	0.87	0.98	1.54	88.09
		20	1.0	0.80	0.90	1.51	81.00
		40	1.0	0.69	0.78	1.32	69.86
		60	1.3	0.55	0.62	1.15	55.69
		80	1.4	0.44	0.50	0.93	44.55

表 3.13 为不同假俭草覆盖度下红壤坡面侵蚀特征，由表可知，假俭草覆盖后，坡面土壤侵蚀速率明显降低，且降幅随降雨强度、坡度、假俭草覆盖度的增大而增加。与地表裸露相比，80%假俭草覆盖度小区在不同降雨强度下坡面土壤侵蚀速率减小 90.00%、92.50%、92.31%，在不同坡度下地表径流系数减小 92.50%、94.00%。这说明与地表裸露相比，大雨强（135mm/h）、高覆盖度（80%）下坡面土壤侵蚀量减沙效应最大，平均泥沙浓度、峰值泥沙浓度、总产沙量分别减小 88.85%、89.67%、93.10%。

表 3.13　　　　　不同假俭草覆盖度下红壤坡面侵蚀特征

坡度 /(°)	雨强 /(mm/h)	覆盖度 /%	土壤侵蚀率 /[t/(hm²·min)]	平均泥沙浓度 /(g/L)	峰值泥沙浓度 /(g/L)	总产沙量 /kg
10	45	0	0.01	1.20	2.10	0.04
		20	0.003	0.65	0.98	0.02
		40	0.001	0.40	0.75	0.01
		60	0.001	0.18	0.56	0.01
		80	0.001	0.12	0.30	0.01

续表

坡度 /(°)	雨强 /(mm/h)	覆盖度 /%	土壤侵蚀率 /[t/(hm² · min)]	平均泥沙浓度 /(g/L)	峰值泥沙浓度 /(g/L)	总产沙量 /kg
10	90	0	0.04	3.50	5.00	0.30
		20	0.02	2.02	3.06	0.15
		40	0.01	1.50	2.45	0.10
		60	0.003	0.43	0.75	0.02
		80	0.001	0.32	0.45	0.01
10	135	0	0.13	6.28	9.39	0.87
		20	0.08	4.16	5.90	0.53
		40	0.04	2.52	3.17	0.29
		60	0.03	1.90	2.72	0.19
		80	0.01	0.70	0.97	0.06
15	90	0	0.05	4.07	5.37	0.36
		20	0.03	2.52	3.08	0.20
		40	0.02	1.86	1.95	0.13
		60	0.01	0.71	1.00	0.04
		80	0.003	0.43	0.54	0.02

（4）壤中流产流过程。图3.15为不同假俭草覆盖度下壤中流产流过程，可知壤中流产流过程首先随降雨时间的增加而迅速增加，达到峰值后，趋于基本稳定阶段，降雨结束后，随时间的增加而降低。由图可知，地表裸露条件下壤中流产流过程曲线较为平缓，峰值较小，达到峰值所需时间也较长，为24～164min（均值为94.5min）。而假俭草覆盖后，在较短的时间内达到壤中流峰值流量，其中20%假俭草覆盖度为39～89min（均值为68.78min），40%假俭草覆盖度为39～93min（均值为78.00min），60%假俭草覆盖度为28～81min（均值为65.55min），80%假俭草覆盖度为21～45min（均值为48.17min）。这说明假俭草覆盖后，能缩短壤中流达到峰值流量的时间。当降雨结束后（90min后），不同试验处理间曲线较为一致，即随着时间的延长而逐渐降低，但不同试验处理降低速率各有差异。

分析不同降雨强度下壤中流输出过程，发现随着降雨强度的增大，壤中流初始产流时间增加，峰值流量与壤中流递增速度下降，这可能与降雨强度增加，大于土壤入渗速率，更多的降雨转化为地表径流有关。坡度由10°增加

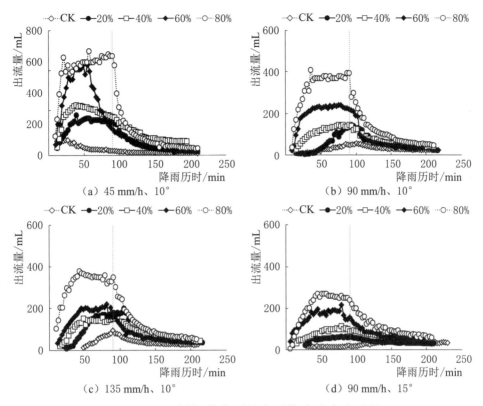

图 3.15　不同假俭草覆盖度下壤中流产流过程

至 15°，壤中流初始产流时间增加，峰值流量与壤中流递增速度下降，消退过程降速随覆盖度的增加而增加。

（5）底层渗漏产流过程。图 3.16 为不同假俭草覆盖度下底层渗漏产流过程，可知壤中流产流过程首先随着降雨时间的增加而迅速增加，达到峰值后又随时间的延长而降低。由图可知，地表裸露条件下底层渗漏过程曲线较为平缓，峰值较小，达到峰值所需时间也较长，为 93～114min（均值为 103.8min）。而假俭草覆盖后，底层渗漏达到峰值流量的时间为：20％假俭草覆盖度，84～93min（均值为 84.45min）；40％假俭草覆盖度，65～93min（均值为 75.13min）；60％假俭草覆盖度，63～93min（均值为 81.43min）；80％假俭草覆盖度，75～123min（均值为 102min）。以 40％假俭草覆盖度下时间最短。

（6）壤中流及底层渗漏预测。壤中流和底层渗漏是枯水季河川径流和地下径流的重要来源，尤其是降雨结束后，壤中流及底层渗漏的产流过程是流域径流过程及水资源形成的重要组成部分。分析假俭草覆盖下壤中流及底层渗漏过程，发现壤中流过程先随时间线性增加，达到峰值后，趋于基本稳定，当降雨结束后（90min），随时间的增加而降低。对不同假俭草覆盖度下壤中

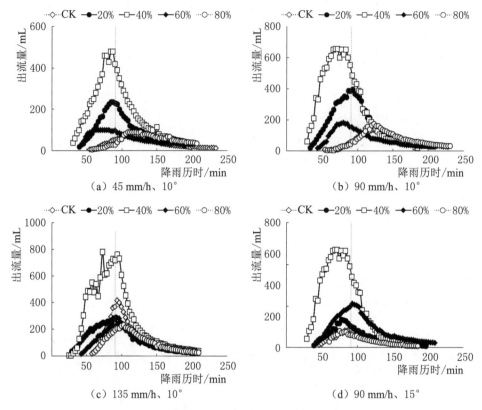

图 3.16　不同假俭草覆盖度下底层渗漏产流过程

流、底层渗漏量与降雨结束后时间进行回归拟合（表 3.14 和表 3.15），降雨开始后，壤中流和底层渗漏达到峰值流量过程可用线性函数表达；降雨结束后，壤中流及底层渗漏量可用指数函数表达，决定系数为 0.811～0.991，即随着时间的延长，壤中流流量和底层渗漏量呈指数函数关系递减，其计算公式为

$$S = ae^{-bt} \tag{3.6}$$

式中　S——壤中流或底层渗漏量，mL；

　　　　t——降雨产流（结束）后时间，min；

　　a、b——常数，a 代表降雨结束后壤中流、底层渗漏的初始产流量，b 代表壤中流、底层渗漏随时间的下降速率。

表 3.14　降雨结束后假俭草覆盖下壤中流输出过程预测方程参数

坡度 /(°)	雨强 /(mm/h)	覆盖度 /%	方程变量		决定系数 R^2
			a	b	
10	45	0	25.77	0.005	0.811
		20	151.08	0.016	0.907

坡度/(°)	雨强/(mm/h)	覆盖度/%	方程变量		决定系数 R^2
			a	b	
10	45	40	217.22	0.010	0.906
		60	155.99	0.017	0.983
		80	361.22	0.021	0.956
10	90	0	49.29	0.007	0.875
		20	125.85	0.014	0.917
		40	114.81	0.010	0.894
		60	141.28	0.016	0.896
		80	240.15	0.015	0.923
10	135	0	62.46	0.009	0.896
		20	158.15	0.014	0.880
		40	138.40	0.011	0.934
		60	121.39	0.013	0.910
		80	233.50	0.014	0.904
15	90	0	46.67	0.005	0.857
		20	54.08	0.005	0.866
		40	91.36	0.005	0.965
		60	118.29	0.010	0.889
		80	188.38	0.011	0.918

表 3.15　降雨结束后假俭草覆盖下底层渗漏过程预测方程参数

坡度/(°)	雨强/(mm/h)	覆盖度/%	方程变量		决定系数 R^2
			a	b	
10	45	0	91.01	0.015	0.925
		20	203.84	0.020	0.977
		40	339.35	0.022	0.973
		60	78.90	0.010	0.942
		80	80.57	0.005	0.902
10	90	0	135.76	0.010	0.939
		20	381.00	0.024	0.985
		40	440.81	0.029	0.948

续表

坡度 /(°)	雨强 /(mm/h)	覆盖度 /%	方程变量		决定系数 R^2
			a	b	
10	90	60	145.65	0.016	0.988
		80	140.20	0.009	0.850
10	135	0	339.91	0.020	0.963
		20	258.77	0.021	0.987
		40	557.00	0.025	0.952
		60	234.30	0.017	0.972
		80	272.52	0.019	0.982
15	90	0	140.87	0.030	0.990
		20	131.01	0.022	0.987
		40	468.94	0.039	0.977
		60	265.74	0.020	0.975
		80	84.38	0.023	0.991

根据不同假俭草覆盖度下降雨结束后壤中流和底层渗漏量预测值与实测值关系图（图 3.17～图 3.20），可知壤中流和底层渗漏分别在降雨结束20min 和 40min 后，方程预测值和实测值差异较小，大部分散点分布在 1∶1 趋势线上。而壤中流与底层渗漏量在降雨结束后 20min 和 40min，方程预测值与实测差异较大，随着输出量的增大，方程预测值愈加偏小。这说明预测方程能够较好地预测降雨结束 20min 后的壤中流以及 40min 后的底层渗漏过程。

（7）预测模型精度分析。为探讨进一步探讨预测方程对壤中流、底层渗漏量的预测精度，本书采用平均误差（ME）、均方根误差（RMSE）对拟合结果的精度进行评价。计算公式为

$$ME = \frac{\sum_{i=1}^{n}(f_i - p_i)}{n} \tag{3.7}$$

$$RMSE = \sqrt{\frac{\sum_{i=1}^{n}(f_i - p_i)^2}{n}} \tag{3.8}$$

式中 f_i——第 i 个壤中流或底层渗漏量预测值；

        p_i——第 i 个壤中流或底层渗漏量实测值；

        n——壤中流或底层渗漏量的数量，$i=1$，2，3，…，n。

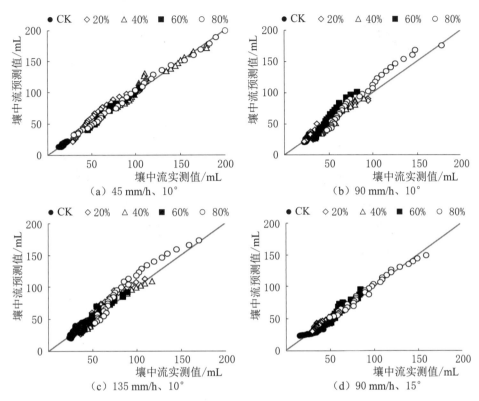

图 3.17   壤中流（降雨结束 20min 后）预测值与实测值关系图

对不同假俭草覆盖度下壤中流与底层渗漏量预测的平均误差和均方根误差值进行分析（表 3.16 和表 3.17），可知壤中流输出量预测结果在降雨结束 20min 内平均误差为 −1.807～8.752（均值为 2.154），均方根误差为 1.052～13.577（均值为 5.918）；降雨结束 20min 后平均误差为 −130.520～6.049（均值为 −25.856），均方根误差为 3.035～185.574（均值为 33.802）。底层渗漏量预测结果在降雨结束 40min 内平均误差为 −1.840～6.931（均值为 0.364），均方根误差为 1.350～11.608（均值为 3.717）；降雨结束 40min 后平均误差为 −64.210～3.741（均值为 −9.668），均方根误差为 2.242～119.569（均值为 29.311）。总体上，壤中流的方程预测精度以降雨结束 20min 内大于降雨结束 20min 后，底层渗漏量的方程预测精度以降雨结束 40min 内大于降雨结束 40min 后。

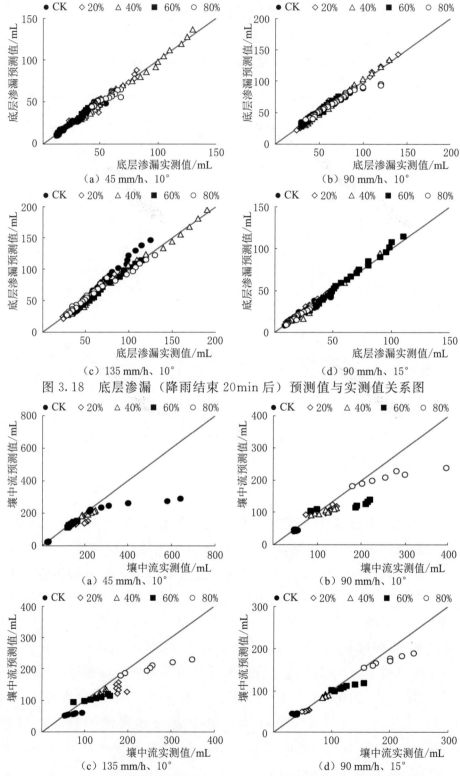

图 3.18　底层渗漏（降雨结束 20min 后）预测值与实测值关系图

图 3.19　壤中流（降雨结束 40min 内）预测值与实测值关系图

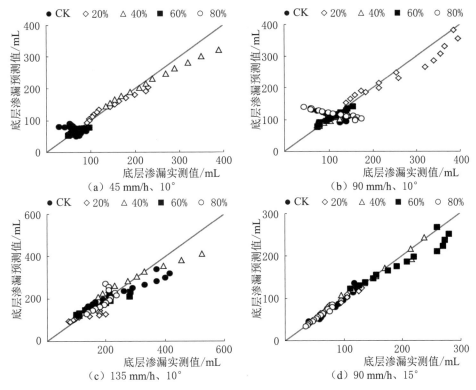

图 3.20　底层渗漏（降雨结束 40min 内）预测值与实测值关系图

表 3.16　　　　假俭草覆盖下壤中流预测平均误差和均方根误差值

坡度 /(°)	雨强 /(mm/h)	覆盖度 /%	降雨结束 20min 内		降雨结束 20min 后	
			平均误差	均方根误差	平均误差	均方根误差
10	45	0	0.311	1.052	−2.781	3.035
		20	4.360	7.898	−36.721	43.328
		40	1.334	6.645	−19.118	22.526
		60	0.254	3.243	−5.568	6.497
		80	0.741	3.371	−130.520	185.574
10	90	0	0.620	2.512	−5.628	6.637
		20	1.045	6.437	−20.800	21.402
		40	1.835	5.596	−17.311	20.671
		60	6.336	11.489	−49.531	64.825
		80	6.955	11.655	−51.755	71.471
10	135	0	2.379	4.415	−14.173	17.379
		20	2.799	9.940	−41.419	44.608

续表

坡度/(°)	雨强/(mm/h)	覆盖度/%	降雨结束 20min 内		降雨结束 20min 后	
			平均误差	均方根误差	平均误差	均方根误差
10	135	40	0.627	5.771	−15.372	15.768
		60	1.059	4.909	−16.256	25.907
		80	8.752	13.577	−50.714	62.824
15	90	0	−1.807	4.418	6.049	6.940
		20	2.074	2.972	−5.276	5.880
		40	2.234	2.689	−1.981	3.143
		60	1.419	5.769	−14.954	19.045
		80	−0.243	3.996	−23.290	28.573

表 3.17　　假俭草覆盖下底层渗漏预测平均误差和均方根误差值

坡度/(°)	雨强/(mm/h)	覆盖度/%	降雨结束 40min 内		降雨结束 40min 后	
			平均误差	均方根误差	平均误差	均方根误差
10	45	0	−0.470	1.930	−0.087	19.681
		20	−0.302	3.482	−3.417	14.198
		40	−1.840	3.500	−14.879	28.437
		60	0.574	2.012	−3.389	7.430
		80	0.680	3.572	−1.564	23.591
10	90	0	−0.130	3.406	3.741	40.909
		20	0.767	3.121	−15.363	29.622
		40	−0.495	3.222	−23.126	44.873
		60	1.408	2.513	−0.800	7.256
		80	−1.464	6.676	2.327	55.527
10	135	0	6.931	11.608	−23.787	49.985
		20	1.954	4.307	−9.041	19.433
		40	−0.983	4.262	−64.210	119.569
		60	−0.851	3.629	−7.382	27.382
		80	1.158	4.879	1.577	28.080
15	90	0	−0.168	2.357	−0.266	6.628
		20	0.490	1.896	−0.205	4.733
		40	−0.066	3.640	−17.497	31.593
		60	0.412	2.982	−15.628	25.052
		80	−0.325	1.350	−0.367	2.242

3.3.3 假俭草固土稳定性分析

（1）材料与方法。试验点位于江西水土保持生态科技园，分别选择种植 3 年的假俭草样地和种植 5 年的假俭草样地采集土壤样品，分析土壤不同粒径团聚体的分布特征。在假俭草样地旁边选择裸露空地作为对照处理，裸露空地无植被措施，无翻耕施肥等处理。将取回的土壤于室内风干，过 10mm 筛备用。将采集过后的 1.5kg 左右风干土样通过孔径依次为 5mm、2mm、1mm、0.5mm 和 0.25mm 的筛网，分别称重后计算出各级干筛团聚体占土壤总量的百分含量，并按此比例配成 50g 的风干样品，放入已注好水的团粒分析仪中，震动 0.5h（频次为 30 次/min），然后将留在各级筛子上的土壤团聚体颗粒用清水水洗，置入铝盒中，再置于烘箱中烘干称重，重复 3 次。团聚体稳定性指标参数计算方法为

结构体破坏率＝大于 0.25mm 团粒（干筛－湿筛）/大于 0.25mm 团粒（干筛）

$$(3.9)$$

团聚度＝（大于 0.05mm 微团聚体－大于 0.05mm 机械组成）/大于 0.05mm 微团聚体

$$(3.10)$$

$$分散率＝小于 0.05mm 微团聚体/小于 0.05mm 机械组成 \quad (3.11)$$

$$水稳性团聚体平均重量直径 = \sum_{i=1}^{N} \overline{x_i} \frac{W_i}{W_T} \quad (3.12)$$

式中　x_i——第 i 级的平均直径，mm；

　　　W_i——第 i 级的土壤重量，kg；

　　　W_T——供试土壤的总重量，kg。

野外土壤抗剪切强度采用便携式十字板剪切仪测定，仪器由 1 个 T 型把柄（把柄中安装有测试扭矩的弹簧装置）和 3 个可更换的不同尺寸十字板头组成。十字板头可插入土中 0～10mm 进行测量，测量深度可根据延长杆增加，每根延长杆长度为 50cm。三种规格的十字板头尺寸（直径×高度）分别为 16mm×32mm、20mm×40mm、25.4mm×50.8mm，根据土壤紧实状况选择。最大扭剪力利用安装在手柄下面的弹簧装置测量，量程为 0～240kPa，剪力值从手柄下方的刻度盘读取。根据刻度盘上的数值和十字板头的规格，用内置弹簧装置的扭矩公式计算被测样品的抗剪强度（τ），计算方法为

$$\tau = \frac{6T}{\pi D^2 (D+3H)} \quad (3.13)$$

式中　τ——土壤抗剪强度，kPa；

T——扭矩，N；

D——十字板头直径，mm；

H——十字板头高度，mm。

（2）土壤团聚体分布。假俭草不同种植年限条件下，不同试验处理样地土壤团聚体分布特征见表 3.18。假俭草种植之后，土壤团聚体含量均有明显提升，其中，主要增加的团聚体为小于 0.25mm 的粒级，对照裸露样地，粒径小于 0.25mm 的团聚体占比为 17.56％，3 年假俭草样地的比值增加至 29.63％，至 5 年假俭草样地，粒径小于 0.25mm 的团聚体含量占总团聚体含量的比值增加至 40.40％，相比裸地，增幅达到 130％。除粒径小于 0.25mm 的团聚体之外，粒径为 0.5～0.25mm 的团聚体也有明显增加，但增幅要小于粒径小于 0.25mm 的团聚体。该粒级团聚体所占比值由裸地的 22.98％增加至 5 年假俭草的 30.88％。随着假俭草种植年限的增加，团聚体含量显著增加。

表 3.18 不同种植年限条件下不同试验处理样地土壤团聚体分布特征 ％

措 施	粒 径				
	5～2mm	2～1mm	1～0.5mm	0.5～0.25mm	＜0.25mm
裸露对照样地	18.21a	12.25b	14.12a	22.98c	17.56c
3 年假俭草	10.85b	18.36a	14.58a	26.58b	29.63b
5 年假俭草	7.99c	7.56c	13.17b	30.88a	40.40a

注：不同的小写字母表示不同措施间差异显著（$P<0.05$），余同。

（3）土壤团聚体抗蚀性指标。根据表 3.19 的结果，不同种植时间下样地土壤抗蚀性指标变化明显，裸露对照样地土壤团聚体结构体破坏率为 46.7％，随着假俭草的种植，结构体破坏率显著下降，3 年假俭草为 24.9％，5 年假俭草为 21.2％。水稳性团聚体平均重量直径由裸露对照样地的 0.52mm 显著增加至 5 年假俭草的 0.96mm。团聚度由裸露对照样地的 12.5％增加至 29.9％。土壤分散率由裸露对照样地的 73.4％下降至 3 年假俭草的 54.2％，最低为 5 年假俭草的 38.9％。随着假俭草种植时间的增加，土壤团聚体稳定性显著增加，团聚体水稳性提升，土壤抵抗降雨及集中水流冲刷的能力显著增加，边坡土壤稳定性增加。

（4）土壤抗剪强度。结合野外十字板剪切仪数据得知（图 3.21），随着假俭草种植年限的增加，土壤抗剪强度值显著增加。裸露对照坡面，土壤抗剪强度值为 6.23kPa，假俭草植被恢复 3 年之后，抗剪强度增加至 18.96kPa，相比裸地增加了 3.05 倍，而当假俭草恢复 5 年之后，抗剪强度增加至

27.88kPa，增幅为 3.48 倍。土壤抗剪强度是表征土壤强度的一个重要指标，抗剪强度越大，边坡失稳、崩塌的风险就越低，坡面土壤侵蚀的风险也降低，土壤更容易在坡面保留。假俭草根系发达是土壤抗剪强度增加的一个重要原因。

表 3.19　不同种植年限条件下不同试验处理样地土壤团聚体抗蚀性指标

措　　施	结构体破坏率 /%	水稳性团聚体平均重量直径/mm	团聚度 /%	分散率 /%
裸露对照样地	46.7a	0.52c	12.5c	73.4a
3 年假俭草	24.9b	0.79b	24.8b	54.2b
5 年假俭草	21.2c	0.96a	29.9a	38.9c

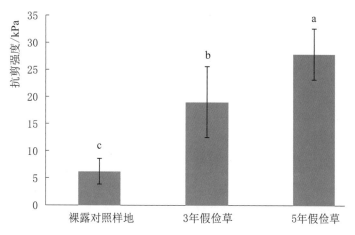

图 3.21　不同种植时间下土壤抗剪强度

3.4　基于植物耐淹性能筛选

试验结果分析发现，假俭草的抗侵蚀、抗冲抗剪性能优异。但其耐淹性能能否作为迎水坡面消落带生态防护目标草种的重要指标，需要通过水淹试验进行验证。基于上述考虑，本书选择野生假俭草品种开展室内不同条件水淹耐受性试验，为堤岸迎水坡面生态防护应用提供支撑。

3.4.1　试验设计及步骤

假俭草盆栽水淹试验在江西水土保持生态科技园内进行，盆栽试验用土为第四纪沉积物发育的红黏土。试验用土来自科技园内坡耕地耕作层土壤（0～20cm 深度），将耕作土壤取回到实验室，过 5mm 筛风干，测试分析土壤中的基本物理化学性质（表 3.20 和表 3.21）。

表 3.20　　　　　　　　　　　试 验 土 壤 质 地　　　　　　　　　　单位：g/kg

粗砂粒	细砂粒	粗粉粒	细粉粒	黏粒
75.1±21.8	171.7±39.7	198.9±7.3	362.4±12.4	191.9±29.0

注：粗砂粒粒径为 200～2000μm，细砂粒粒径为 50～200μm，粗粉粒粒径为 20～50μm，细粉粒粒径
　　为 2～20μm，黏粒粒径为 0～2μm。

表 3.21　　　　　　　　　　　试 验 土 壤 化 学 性 质

有机质 /(g/kg)	全氮 /(g/kg)	全磷 /(g/kg)	CEC /(mol/kg)	pH 值	游离氧化铁 /(mg/kg)
11.04±1.64	0.88±0.06	0.17±0.06	19.34±3.32	4.29±0.14	41.16±6.04

盆栽桶为 PVC 材质，直径为 20cm，高 40cm，底部密封并开 5 个 2mm 大小孔。填土之前，盆栽桶底部铺设 2cm 厚的砾石层（砾石的直径为 1～2mm）以方便底部孔进水和排水。将试验用土按照 $1.20g/cm^3$ 的容重依次填入盆栽桶中，按照盆栽桶的体积称好所需填土的重量，将 5g 高效复合肥与土壤充分混合均匀。盆栽桶填土深度为 33cm，顶部土面低于桶的边沿 5cm。根据野外假俭草根系调查的结果，大部分根系都分布在 20～25cm 土层深度，盆栽桶填土 33cm，土层厚度保证根系的生长空间。

将盆栽桶移入恒温恒湿的温室大棚进行日常管理。每 3d 浇 1 次水，在管理过程中，不再进行施肥、松土等活动。待假俭草自然生长 45d，具有一定覆盖度之后，开始进行水淹试验。综合相关水淹试验的文献资料和假俭草生物学特性，水淹的深度梯度设置为 4 个，即无水淹胁迫条件（对照处理）、根尖水淹胁迫条件、全根水淹胁迫条件、全株试验胁迫条件（图 3.22）。水淹的时间梯度设置分布为：自然生长 45d（水淹初始天数）、水淹 15d、水淹 30d、水淹 45d、水淹 60d、水淹 75d、水淹 90d、水淹之后返青 30d，共 8 个时间段。

其中，无水淹胁迫条件即对照处理下，保持正常浇水频率。根尖水淹胁迫条件下，根据野外调查的结果，超过 70% 的根系都分布在 20cm 深度土层以内，20～30cm 深度根系生物量约占 20%，因此，其中一个水淹的深度需保证根尖处于水淹条件，水淹至距离土面 30cm 以下的土层，即将盆底的砾石层和 3cm 土壤层保持在水淹条件下，盆底土壤长期保持水淹状态，底层土壤水可以凭借土壤毛管力作用向上层土壤迁移，同时在根尖水淹胁迫条件下，和无水淹胁迫条件保持相同的浇水频率和浇水量。在全根水淹胁迫条件下，水分与土面齐平，保证所有根系都在水面以下。在全株水淹胁迫条件下，水分淹

（a）无水淹胁迫条件（对照）

（b）根尖水淹胁迫条件

（c）全根水淹胁迫条件

（d）全株水淹胁迫条件

图 3.22　假俭草水淹胁迫试验

没植株顶部，随着植被后期的生长，淹没深度适时增加，保证整个植株都浸没在水面以下。

　　将所有盆栽按照水淹条件分别放入相应的水池当中，利用马氏瓶原理实时补充池内水分，保持植被处于设计的水淹条件。所有草本在盆栽桶内正常管理 45d 之后开始水淹试验，水淹结束之后，将每个水淹梯度的盆栽桶全部搬出水池，按照正常浇水管理返青 30d，观测不同水淹胁迫之后的草本生长状况和根系发育特征。

3.4.2　观测指标

　　按照水淹的时间梯度，分别将达到相应试验条件的盆栽桶取出，每个时间梯度和每种水淹条件下用于草本生物量测定及根系扫描的盆栽桶数量为 3 个共计 12 株草本。将取出的盆栽桶放入静水中浸泡 2h，将盆栽桶的底托和 PVC 管取出，将管内土壤并草本留在静水池中。将静水中的植物样洗出，并将单个植株分离，将分离出来的植株样齐根剪掉，分别用自封袋将草本的地上生物量和地下生物量装好，用根系扫描仪将采集好的根系进行扫描，获取根长、表面积等指标（图 3.23）。将扫描完的根系和剪下来的地上部分放入 60°烘箱内烘干至恒重，称重计量地上和地下生物量。

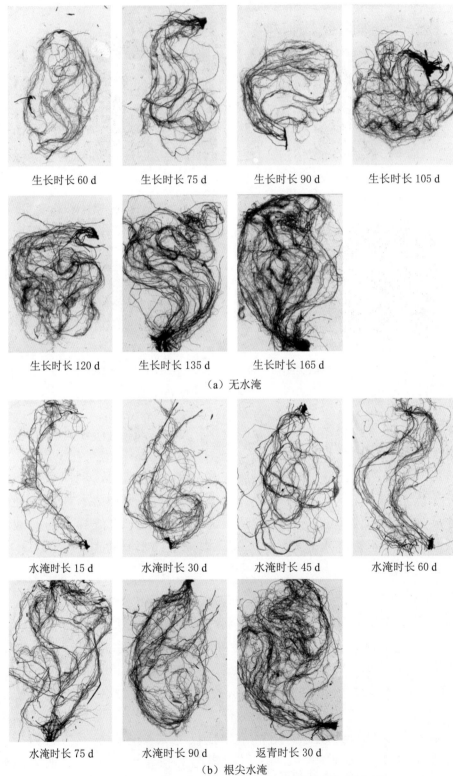

生长时长 60 d　　生长时长 75 d　　生长时长 90 d　　生长时长 105 d

生长时长 120 d　　生长时长 135 d　　生长时长 165 d

（a）无水淹

水淹时长 15 d　　水淹时长 30 d　　水淹时长 45 d　　水淹时长 60 d

水淹时长 75 d　　水淹时长 90 d　　返青时长 30 d

（b）根尖水淹

图 3.23（一）　不同水淹胁迫条件下假俭草根系扫描

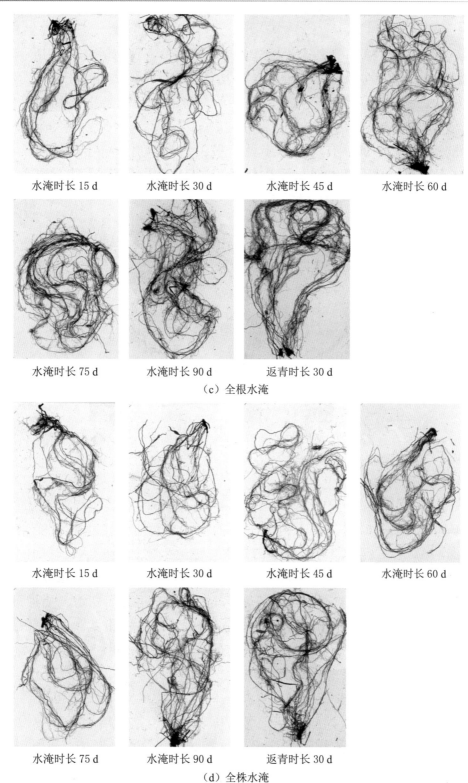

水淹时长 15 d　　水淹时长 30 d　　水淹时长 45 d　　水淹时长 60 d

水淹时长 75 d　　水淹时长 90 d　　返青时长 30 d

（c）全根水淹

水淹时长 15 d　　水淹时长 30 d　　水淹时长 45 d　　水淹时长 60 d

水淹时长 75 d　　水淹时长 90 d　　返青时长 30 d

（d）全株水淹

图 3.23（二）　不同水淹胁迫条件下假俭草根系扫描

3.4.3 地上生物量

不同水淹胁迫条件下假俭草地上生物量（平均值）如图3.24所示。地上生物量最高的为根尖水淹胁迫处理，平均值为6.71g，显著高于其他处理，其次为对照处理，平均值为5.67g，全根水淹胁迫处理的地上生物量平均值为4.23g，最低为全株水淹胁迫处理（3.46g）。根尖水淹胁迫处理的地上生物量可能跟充足的水分条件有关，由于处于根尖水淹胁迫条件下，根系能吸收到的水分充足，但又不足以对根系生长造成影响，因此地上生物量显著高于其他处理，甚至对照处理。

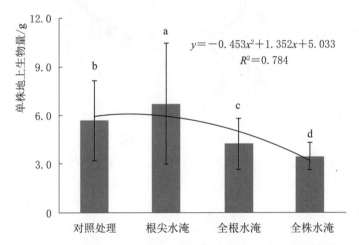

图3.24 不同水淹胁迫下假俭草地上生物量（平均值）

3.4.4 地下生物量

不同水淹胁迫时间条件下对照处理的假俭草地上地下生物量变化特征如图3.25～图3.28所示。对照处理措施下，地上生物量随着生长时间的延长呈线性关系并显著增加（$y=0.991x+1.216$，$R^2=0.968$）。初始值为2.23g，然后递增至9.78g，是初始值的4.39倍，尤其是至试验后期增长更加迅速。

根尖水淹胁迫条件下，地上生物量随水淹时长呈指数函数关系式增加（$y=1.964e^{0.241x}$，$R^2=0.979$），水分充足条件下，地上生物量显著增加，由初始值的2.23g增加至13.44g，增加了5.03倍。

全根水淹胁迫条件下，地上生物量的增加随水淹时长呈指数函数递增（$y=2.025e^{0.150x}$，$R^2=0.966$），在水淹初期地上生物量增加相对缓慢，至水淹45d之后增幅增加，从初始值的2.23g增加至水淹90d时的5.37g，增加了1.41倍，水淹结束之后，经过一个月的返青期，地上生物量显著增加至7.12g。

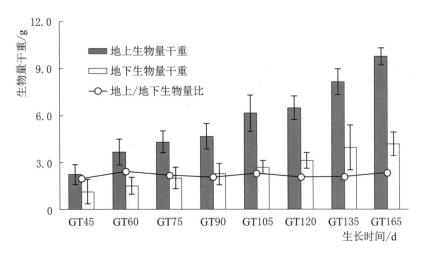

图 3.25　对照处理的假俭草地上地下生物量变化特征

GT—对照处理（不淹水）的生长时间；余同

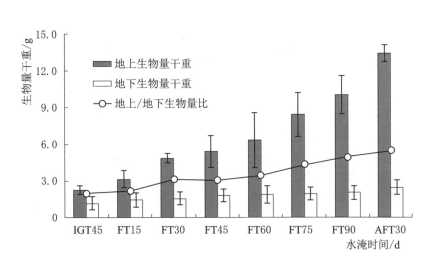

图 3.26　根尖水淹胁迫条件下假俭草地上地下生物量变化特征

IGT—正常生长（不淹水）时间；FT—淹水时间；AFT—返青时间；余同

全株水淹胁迫条件下，地上生物量最低，增幅也最缓慢。随着水淹时间的延长，地上生物量呈指数函数关系增加（$y = 2.189e^{0.096x}$，$R^2 = 0.917$）。从初始值的 2.23g 增加至水淹 90d 时的 4.11g，增加了 0.84 倍，增幅显著低于其他水淹处理。水淹结束之后，返青期地上生物量增加至 5.02g，增幅也显著低于其他处理。

不同水淹胁迫条件下假俭草地下生物量（平均值）分布特征如图 3.29 所示。根系生物量随着淹水深度的增加，呈幂函数指数显著下降（$y = 2.544x^{-0.430}$，$R^2 = 0.965$）。对照处理根系生物量最高为 2.60g，显著高于其

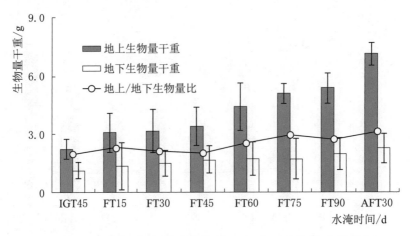

图 3.27 全根水淹胁迫下假俭草地上地下生物量变化特征

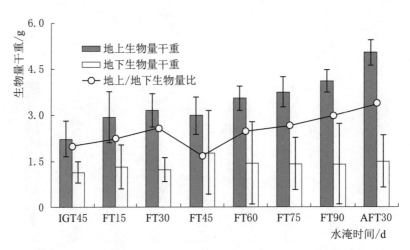

图 3.28 全株水淹胁迫下假俭草地上地下生物量变化特征

他处理，其次为根尖水淹胁迫，平均值为 1.77g，全根水淹胁迫根系生物量与根尖水淹胁迫比较接近，为 1.67g，全株水淹胁迫条件下，假俭草地下生物量最低仅为 1.39g。从假俭草地上生物量可以看出，除全株水淹胁迫条件下植株生长受到比较明显的影响外，包括全根水淹胁迫条件下，假俭草都能表现出比较好的地上生长态势。

3.4.5 根系总长度、平均直径、总体积和总表面积

如图 3.30 所示，不同水淹时长条件下，单株草本根系的总根长增长最快的为对照处理，平均总根长为 14.93m，从初始值的 10.13m 增加至试验结束的 20.26m。其次为根尖水淹胁迫条件下，平均值为 12.86m，全根水淹胁迫条件下平均值为 12.52m，最低为全株水淹胁迫条件下，平均值为 11.91m。

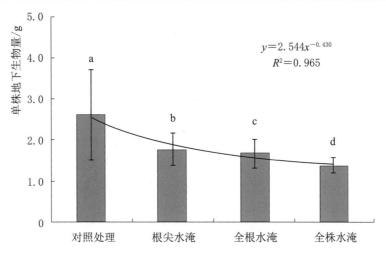

$$y = 2.544x^{-0.430}$$
$$R^2 = 0.965$$

图 3.29　不同水淹胁迫条件下假俭草地下生物量（平均值）分布特征

除对照处理之外，根尖、全根和全株水淹胁迫条件下，水淹初期根系总长度增长都比较缓慢，水淹胁迫 30d 之后才开始有比较明显的增长。

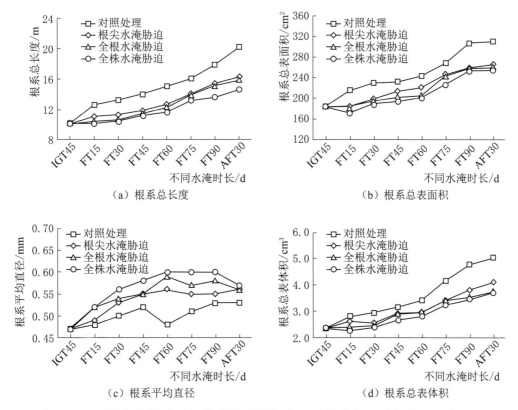

图 3.30　不同水淹胁迫下假俭草根系总长度、平均直径、总体积和总表面积

根系的平均直径变化比较复杂，水淹初期增加较快，然后变得平缓，在

水淹后期甚至还有所降低，如全株水淹和全根水淹胁迫条件下。根系平均直径最大为全株水淹胁迫条件下（0.56mm），其次为全根水淹胁迫条件下（0.55mm），根尖水淹胁迫条件下直径为 0.53mm，最低为对照处理的 0.50mm。水淹胁迫导致细根系的生长缓慢，尤其是全株水淹和全根水淹胁迫条件下，细根系发育缓慢，因此平均直径大于对照处理，对照处理总根系长度最大，平均根系直径最低，主要是细根系大量存在。随着水淹时间的延长，根系的总表面积逐渐增加。根系总表面积最大为对照处理，由初始的 183.52cm^2 增加至试验结束时的 310.28cm^2，平均值为 248.73cm^2。其次为根尖水淹胁迫条件下，试验结束时为 265.14cm^2（平均值为 221.40cm^2），全株水淹胁迫与根尖水淹胁迫条件下相近，为 259.96cm^2（平均值为 216.04cm^2）。总表面积最低为全株水淹胁迫条件下的 254.98cm^2（平均值为 209.18cm^2）。随着水淹时间的延长，根系总体积逐渐增大。根系总体积最高为对照处理的 3.58cm^3，其次为根尖胁迫条件下的 3.10cm^3，全根水淹胁迫条件下为 2.97cm^3，全株水淹胁迫条件下最低，为 2.86cm^3。

以上试验结果表明，在 90d 的水淹时长下，除了全株水淹胁迫条件下之外，根尖水淹和全根水淹胁迫条件下，假俭草都能表现出比较好的地上和地下生长状况。且水淹胁迫试验结束之后，30d 的返青期内，所有试验处理都能迅速返青。假俭草能满足 3 个月以内的水淹胁迫，适合在一些堤防、库岸应用，一些过水性截排水沟也能适用。

第4章 河湖堤岸迎水坡面生态防护技术与模式

在堤岸迎水坡面稳定性分析以及生态护坡植物筛选的基础上，结合工程水文调度导致的水位变化规律，对迎水坡面生态防护进行功能分区，并探讨不同功能区的生态护坡适生植物以及关键技术，集成构建迎水坡面梯级生态防护模式，供后续不同生态防护模式进行效益分析，为野外示范点建设提供依据。

4.1 工程运行水位变化规律

根据工程运行水位调度方案（本书第2.1小节）与现场观测资料，水位调度随上方来水量变化而变化，结合降雨分布规律，工程建成后库区大致水位变化规律为：水库在每年10月开始蓄水，至次年3月（10月1日至次年3月31日）坝前水位为46.00m，主汛期（4月1日至6月20日）坝前水位由46.00m下降至43.00m，后汛期（6月21日至9月30日）坝前水位为43.00～44.00m。随着每年水位在43.00～

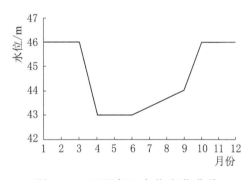

图4.1 工程库区水位变化曲线

46.00m变化，在库区迎水坡面上会形成水位涨落高差达3m，且与自然水系水位涨落规律相反的水陆交错带（消落带）。工程库区水位变化曲线如图4.1所示。

4.2 迎水坡面防护分区及植物选择

4.2.1 生态防护功能分区

依据库区水位调度变化规律，以及边坡稳定性分析结果，将迎水坡面划分为 3 个生态防护功能区（表 4.1）。针对汛期泄洪水流流速较大等因素，将 43.00～45.00m 高程划分为固土抗冲区，主要功能为固定边坡土壤，抵御水流淘刷；考虑枯水期正常蓄水位为 46.00m，水流流速相对较小，将 45.00～46.00m 高程划分为消浪减蚀区，以降低波浪爬高、减小坡面径流侵蚀为主；将边坡常露区 46.00～47.80m 高程划分为抗蚀景观区，以增强土壤抗侵蚀性、提高生态景观效益为主。

表 4.1　　　　　　　　　　迎水坡面生态防护功能区划分　　　　　　　　单位：m

功能区	高　程	坡　长
固土抗冲区	43.00～45.00	4.48
消浪减蚀区	45.00～46.00	2.24
抗蚀景观区	46.00～47.80/坡顶	4.00

4.2.2　不同功能区生态护坡适生植物

（1）植物配置原则。消落带不同高程区域被水淹没的深度和水淹时间是不一样的，高程越低的消落带区域水淹深度越大、水淹时间越长，而高程越高的消落带区域与之相反。因此，消落带植被重建和生态修复过程中，在植物选择上，从最低水位线到最高水位线的不同高程上要选择使用具有不同耐淹能力和恢复生长能力的植物，并要考虑不同的生长型。总的原则是，耐淹能力强的植物种植在低高程带，耐淹能力相对较弱的植物种植在更高的高程带上，以保证不同高程带上种植耐淹能力合适的植物。从生长型来看，考虑到不同生长型植物耐淹能力的差异，同时兼顾河道防汛的管理规定，在消落带的低高程区域选择使用以草本为主的植物，随着高程的逐渐增高，依次增加灌木树种。需要注意的是，为形成合理的群落结构，以保证正常的群落生态功能的发挥，同一种草本植物在考虑其耐淹能力大小的基础上，应在消落带不同高程区域均要选用。迎水坡面生态防护植物配置原则如图 4.2 所示。

植物筛选时，应选择具有较强环境适应能力的植物，并兼顾生态效益和社会效益。植物筛选应该在广泛调查的基础上，开展试验研究后再做出决定。植物选择应注意以下方面：优先选用本土植物；选择去污能力强、净化效果好的植物；选择根系发达、生物量大、抗逆性强的植物；选择具有景观作用或一定经济价值的植物；合理搭配不同植物物种（梁雪等，2012）。

（2）所选植物面临诸多考验。①反复被淹没：水库每年将周期性蓄水、泄洪，所以 1 年生、2 年生植物由于其繁殖特点，不适合种植于迎水坡面，应选取多年生植物；②年淹没时间长：水库消落带每年淹没时间为 5～8 个月，

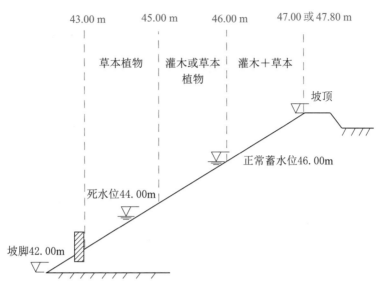

图 4.2　迎水坡面生态防护植物配置原则

淹没时间长，迎水面边坡消落带应选择耐淹没能力强且在露出水面时能快速生长繁殖的植物；③所在地水流冲刷、水土流失严重：工程建设后，库区消落带在水流冲刷及波浪淘蚀下，水土流失严重，土层厚度降低，迎水坡面消落带应选择根系发达、固岸能力强的植物。

根据白宝伟等（2005）对三峡库区自然消落带和水库运行后的未来淹没区现存植物群落的物种组成、生活型组成和物种多样性等进行的调查，以及黄世友等（2013）对迎水坡面植被恢复植物的筛选结果，总结迎水坡面生态护坡植物见表 4.2。

表 4.2　　　　　　　　　　　　迎水坡面生态护坡植物

植　　物	生活型	生长习性及分布	耐淹程度
墨竹柳（Salix maizhokunggaren-sis）	乔木	分布于湖泊周围及河流两岸	耐淹
池杉（Taxodium ascendens）	落叶乔木	分布于湖泊周围及河流两岸	极耐淹
水桦（Betula nigra）	落叶乔木	生长在沼泽	耐淹
水麻（Debregeasia orientalis）	常绿小乔木、灌木	生长于山谷、溪边两岸灌丛中和森林湿润处	30d
桑树（Morus alba）	落叶灌木	对土壤适应性强	90d
小梾木（Cornus paucinervis）	落叶灌木	生长在河岸旁或溪边灌丛中	20d

植　　物	生活型	生长习性及分布	耐淹程度
中华蚊母树（*Distylium chinense*）	常绿灌木	分布于长江沿岸，被誉为"两栖植物"	150d
秋华柳（*Salix variegata*）	灌木	生长于河边或河川	100d
芦竹（*Arundo donax*）	多年生草本	生长于河堤及池塘旁边	180d
甜根子草（*Saccharum spontaneum*）	多年生草本	常生长于河旁溪流岸边、砾石沙滩荒洲上	100d
三穗苔草（*Carex tristachya*）	多年生草本	分布于沼泽、湿地或湖边	耐淹
狗牙根（*Cynodon dactylon*）	多年生草本	多生长于村庄附近、道旁河岸、荒地山坡	180d
牛鞭草（*Hemarthria altissima*）	多年生草本	多生长在沟壑边、田园、草坪等荒野地上	耐淹
香根草（*Vetiveria zizanioides*）	多年生草本	用于水土流失治理	耐淹
问荆（*Equisetum arvense*）	多年生草本	生长于潮湿草地、沟渠旁	耐淹

（3）适合迎水坡面生长的植物。根据本书第 3 章的研究结果，依据适地适树原则，选择能适合消落带生境条件、保持水土能力较强、生长较快的乡土植物，结合部分耐水淹能力强兼具一定景观功能的植物，以充分发挥其较好的保持水土、涵养水源等生态功能。不同生态护坡功能区适生植物见表 4.3。

表 4.3　　　　　　　　不同生态护坡功能区适生植物

功能区	高程/m	适 生 植 物	植 物 习 性
固土抗冲区	43.00～45.00	狗牙根、牛鞭草、扁穗牛鞭草、类芦、水蓼、双穗雀稗等	以耐旱耐淹的两栖草本植物为主
消浪减蚀区	45.00～46.00	香根草、芦苇、五节芒、桑树等	以耐淹耐旱、地上茎叶密集簇生的灌草为主
抗蚀景观区	46.00～47.80/坡顶	假俭草、狗牙根、结缕草、金鸡菊、波斯菊、石竹等	以耐旱抗侵蚀的景观植物为最佳

1）43.00～45.00m 高程：属水位消落中下区，水流冲刷与风浪淘蚀作用强烈，植物选择以耐淹耐旱的两栖草本植物为主，其抗冲刷、固土效果较好，以增加边坡稳定性，主要有狗牙根、牛鞭草、扁穗牛鞭草、类芦、水蓼、双穗雀稗等。

2）45.00～46.00m 高程：属水位消落上区，以降低风浪爬高功能为主，保障库区安全。种植的植物需满足耐旱耐淹与固土消浪等要求，主要有香根草、芦苇、五节芒、桑树等。

3）46.00～47.80m 高程：属常露区，以灌木带和花草植物为主，防止库区道路侵蚀泥沙下泄，降低坡面侵蚀，以耐旱抗侵蚀的景观植物为最佳。灌木有杜鹃、红叶石楠、红花檵木、金边黄杨、赤楠，草本有假俭草、狗牙根、结缕草、金鸡菊、波斯菊、石竹等，菊科有野花组合草种等。

4.3   迎水坡面生态防护关键技术

4.3.1   假俭草草茎撒播技术

根据第 3 章的研究结果表明，假俭草抗蚀性、抗冲性效果较好，同时具有植株低矮、叶形优美、成坪速度快、草层很厚、绿期长和耐贫瘠、耐践踏、蔓延再生能力和抗病虫害能力强，以及固土性能强、管理粗放、容易养护等众多优点，是河道堤防植草护坡的优良水土保持植物（陶理志，2016），假俭草如图 4.3 所示。虽然假俭草有众多的优点，但其繁殖种植技术目前尚不成熟。假俭草结实率特别低，种子细小，并且干秕率很高。造成假俭草自然结实低的主要原因是其自交不亲和，而在自然界假俭草主要依赖于匍匐茎无性繁殖，往往造成一整片的假俭草源自有限的植株个体，再加上假俭草主要靠风媒传粉，所以同一片区域的假俭草花序往往容易接受来自相同植株个体的花粉而导致自交不结实（Bouton，1983）。另外，假俭草花序上的种子的成熟时间也不集中，很难同时大量收集成熟饱满的种子（刘建秀等，2003）。这些因素是限制假俭草在我国大规模推广种植的主要原因。

图 4.3   优良护坡植物——假俭草

根据调查结果（表 4.4），赣东大堤假俭草植株平均高 3.0cm，叶片平均长 4.2cm、宽 3mm，生长情况良好，覆盖度均达到 100%，每个试验点假俭草生长情况差异不大，变异系数为 14.64%～26.10%。

表 4.4 假 俭 草 生 长 情 况

调查地点	植株平均高度 /cm	叶片平均长度 /cm	叶片平均宽度 /cm	覆盖度 /%
樟树肖江堤	3.8±0.4	5.1±1.0	0.3±0.1	100
赣东大堤新干段	1.8±0.5	4.3±1.0	0.3±0.1	100
赣东大堤樟树段（一）	2.9±0.1	3.6±0.5	0.4±0.1	100
赣东大堤樟树段（二）	3.6±1.2	4.5±1.0	0.3±0.1	100
赣东大堤丰城段	3.1±1.2	3.7±1.1	0.3±0.0	100
平均值	3.0	4.2	0.3	100
变异系数/%	26.10	14.64	14.91	

结果表明（表 4.5），假俭草花穗的平均高度为 7.0cm，最高可达 10cm 以上，花穗数为 288 个/m²，种子产量为 0.24g/m²，结实率为 35.52%，种子成熟率为 36.45%。结实率、种子成熟率在各调查地点存在较大差异，变异系数均在 47% 以上，同时单位面积的种子产量在各试验点的变异系数达 80.58%。考虑到调查地点植株的生长情况差异不大，其主要原因是假俭草种子在各试验点的成熟期不一致。此外，假俭草种子结实率、成熟率并不高，最高分别为 49.16%、55.67%。

表 4.5 假 俭 草 结 实 情 况

调查地点	花穗平均高度 /cm	单位面积花穗数 /（个/m²）	单位面积种子产量/g	结实率 /%	种子成熟率 /%
樟树肖江堤	5.1±1.8	125	—	11.69	0
赣东大堤新干段	8.5±1.9	331	0.34±0.05	49.16	55.67
赣东大堤樟树段（一）	6.9±0.5	363	0.12±0.06	25.29	38.73
赣东大堤樟树段（二）	7.0±1.2	275	0.04±0.01	30.86	41.43
赣东大堤丰城段	7.7±1.4	344	0.45±0.34	45.61	46.42
平均值	7.0	288	0.24	35.52	36.45
变异系数/%	17.90	33.57	80.58	47.07	58.64

（1）技术内容。目前生产上通常采用种茎营养扦插繁殖，但这种繁殖技术耗工费时，建植成本较高。鉴于此，项目组对假俭草茎段撒播技术进行了

重点研究，从撒播前生根处理、最佳覆盖材料方式以及最佳撒播密度三个方面，解决假俭草植草护坡中的关键技术环节，从而降低施工成本，提高假俭草无性繁殖种植效率。

（2）技术参数与流程。主要参数与流程如下：

1）坡面整理：撒播前两周，使用除草剂对地面进行除草，以将地面的杂草和杂草种子尽量清除干净；施用除草剂后两周，将地面表层翻耕 10～15cm，清除草根、石块等杂物；再每亩施 50kg 复合肥，将肥料颗粒均匀撒在土壤表面；再以 20cm 的间距开沟，沟宽 8～10cm，沟深 5cm，沟陇在沟的上方（图 4.4）。

图 4.4　坡面整理开沟

2）茎段准备：从种源圃采集假俭草茎段，剪成 10～15cm 长的短茎，每个短茎最少有两个完整的节间；利用 100mg/L 浓度的吲哚丁酸浸泡种茎 30min，备用（图 4.5）。研究结果表明（图 4.6），吲哚丁酸（100mg/L）对假俭草撒播茎段的生根效率、缩短生根时间和成活率效果最佳，生根率可达 94.44％，成活率可达 80.55％。

图 4.5　假俭草茎段生根处理（吲哚乙酸）

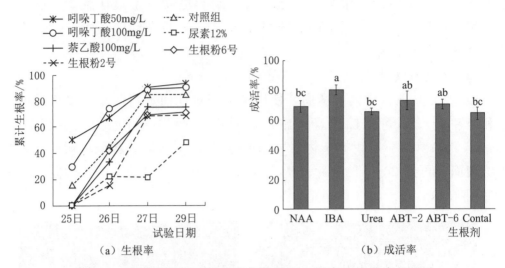

图 4.6　不同生根剂对假俭草茎段累积生根率及成活率的影响

萘乙酸（NAA）和吲哚丁酸（IBA）浓度为 100mg/L；生根粉 2 号
（ABT-2）和生根粉 6 号（ABT-6）按照商业说明书建议的草本植物使用浓度为 1g/L；尿素溶液浓度为 4%；清水浸泡为对照组（Control group）；浸泡时间为 30min。

3）茎段撒播：将准备好的茎段沿着开好的沟均匀撒播，使草茎贴在沟的下沿，然后将沟陇上方的土简单往沟里回填，保证大部分茎段都有 1/3～1/2 的长度留在土外（图 4.7）；每条沟内，每米撒播茎条 20～40 条；撒播后当天浇水，将土壤浇透；再盖上无纺布，并用石块固定；假俭草撒播时间以春末夏初的傍晚为宜。研究结果表明（图 4.8），覆土＋无纺布覆盖措施对假俭草撒播茎段的生根效率、缩短生根时间和成活率效果最佳，生根率可达 90.56%，成活率可达 90.56%。

图 4.7　假俭草茎段撒播

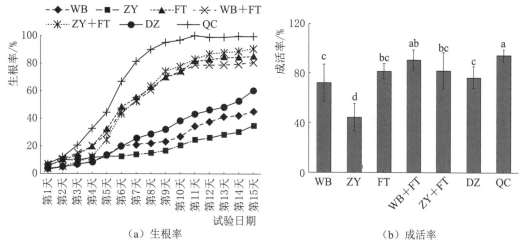

（a）生根率 （b）成活率

图 4.8　不同覆盖处理下假俭草茎段生根率及成活率

WB—无纺布覆盖；ZY—遮阳网覆盖；FT—覆土；WB+FT—无纺布+覆土；

ZY+FT—遮阳网+覆土；DZ—不覆盖任何材料（对照）；QC—扦插处理

4）水分管理：在有条件的工程项目上，撒播后的两周，水分管理过程中使用滴灌浇水，每间隔 300～500m 设立一个简易灌溉系统，每个灌溉系统由一个水泵、一个大桶以及滴管组成，每两条沟中间铺设一条滴管，即每隔 40cm 铺设一条滴管；每天在上午 8 点、中午 12 点和下午 6 点打开滴灌系统，分别滴灌 1h；撒播两周之后，茎段已经完全定根，固着力已经非常强，撤除覆盖的无纺布，使其接受更多的阳光照射；滴灌系统也撤除，每周人工浇水 1 次，浇水 4～5 次后就不需再管理（图 4.9）。不同施肥处理下假俭草茎叶鲜重比较如图 4.10 所示（参照附录 3）。

图 4.9　无纺布覆盖及水分管理

（3）技术应用范围。假俭草系禾本科假俭草属，具有低矮、耐践踏、瘠薄、抗性强等特点，繁殖能力和占据生态位点的能力极强；根系也比较发达，具有较好的抗旱能力和水分胁迫后恢复能力，是边坡植草护坡的优良草种。

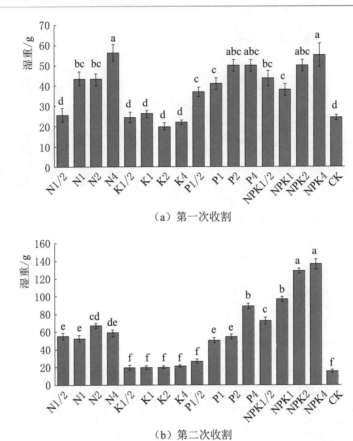

（a）第一次收割

（b）第二次收割

图 4.10   不同施肥处理下假俭草茎叶鲜重比较

在边坡防护中，尤其是针对河道堤防土质边坡区，包括水淹时间相对较短的消落带，应用前景广阔（图 4.11）。

图 4.11   假俭草护坡效果

4.3.2   生态袋护坡技术

生态袋护坡技术是在生态袋中装入客土，再将生态袋通过链接扣、加筋格栅等组件相互连接，形成力学稳定的软体岸坡，既能防止岸坡坍塌，又可让植物存活和生长。由于生态袋本身具有较高的挠曲性，可以最大限度地适应地形和坡形要求，允许变形能力大，抗震性较好。同时，生态袋是透水不透土材质，构建的是一种柔性、生态防护结构，保证水、土、气之间的相互联系。利用柔性网络及植被根系和枝茎的生态自适应性，可形成一体化的变形自适应的柔性防护体系，增强岸坡的整体抗剪切、抗膨胀、抗冻融、抗冲刷能力，同时实现环境的绿化美化，解决"绿化"和"硬化"的矛盾，实现工程建设与环境保护的有机结合。

（1）技术内容。技术材料主要有生态袋、连接扣、绑扎带、加筋格栅和土壤基质等。

1）生态袋。生态袋是由聚丙烯（PP）或者聚酯纤维（PET）为原材料制成的双面熨烫针刺无纺布加工而成的袋子（图 4.12），具有透水不透土的过滤功能，既能防止土壤和营养成分流失，保持土壤，又能实现水分在土壤中正常交流，为植物生长提供所需水分，使植物能够穿过袋体自由生长，达到生态防护的目的。

图 4.12　护坡生态袋示意图

2）连接扣。连接扣是由聚丙烯材料挤压成型的高强度材料，把上下相邻生态袋固定为一个三角形稳定体，增加生态袋与生态袋之间的剪切力。连接扣特殊的设计如卡爪增加了生态袋与生态袋之间的剪切力，袋与袋紧密相连，能将集中应力合理分散，充分发挥其柔性结构的受力特点，形成稳定的正三角内加固紧锁结构，进而加强了生态系统的抗拉强度。同时连结扣内部大量的空隙也有利于植物生长，减少静水压力，使整体工程更加安全稳定（图 4.13）。

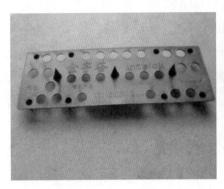

图 4.13　生态袋连接扣及其加固原理

3）绑扎带。绑扎带通过单向自锁的方式将已装满土壤等填充物的生态袋袋口扎紧，起到密封的作用。绑扎带使用的材料与生态袋完全相同，具有抗老化特性，其强度、长度、宽度、结头尺寸等参数充分考虑了袋口的缩紧拉力。其施工时不会拉断，使用后不会自断，从而保证每个填充袋体的完整性和有效性。

4）加筋格栅。加筋格栅是一种用于加筋挡土结构，以满足稳定要求的主要组件，采用双向土工格栅或者高强度编织布。在构建较陡的回填土边坡时，采用工程扣把土工格栅与生态袋进行联结或反包，从而增强边坡土体的力学性能，进而实现边坡土体的力学性与稳定性，对边坡的坚固和稳定到重要的作用。

5）土壤基质。生态袋灌装的土壤基质以工程现场的基槽和坡面开挖土方为主，没有特殊要求下一般为种植土，要求理化性能好，结构疏松，保水、保肥能力强，适宜于植物生长的土壤。如果工程现场没有符合要求的种植土，需要将栽植地点或植物生长区域内不适合植物生长的土壤更换成适合植物生长的土壤。用于迎水面边坡防护时，可考虑将种植土与粗砂混合，防止生态袋长期淹水，土壤基质物理性质发生变化，导致边坡变形垮塌。

（2）技术参数与流程。生态袋防护技术施工工艺主要包括施工准备、坡面修整、生态袋土壤基质灌装、生态袋码放和植物栽植等几个部分。本书针对迎水坡面的特点，结合国内已有的施工工艺，研究总结出迎水坡面生态袋护坡技术流程，施工工艺如图 4.14 所示。

1）坡面修整。坡面的松石、不稳定的土体要固定或清除；锐角物体要磨成钝角以免划破生态袋表面；负坡要削掉；坡长较长或坡度较大的边，坡顶要考虑截水沟，中间平台、坡角设排水沟。

2）生态袋土壤基质灌装。①掺沙增渗，针对迎水坡面长期水淹、边坡土壤为红黏土等特点，为防止淹水后生态袋坡面垮塌，在灌装黏性土时需要掺加一定量的沙子和小碎石，以改良袋中土壤透水性能，加快水分流动（比例为 15%～30%，根据水位高程调整）；②灌袋适量，由于红黏土吸水饱和后容易发生膨胀，造成生态袋鼓包现象导致垮塌，因此生态袋土壤灌装不能太满，以装填到离袋口大约 10cm 处为宜。

3）生态袋码放。①底层生态袋安装，按图纸要求开挖一定深度的基槽，清除浮土并适当整平，基础土体夯实到 95% 的密实度，不会发生明显沉降和变形，在夯实的基

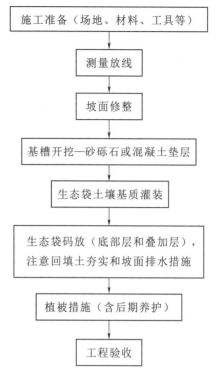

图 4.14　生态袋施工工艺

层或土矿层上铺设一定层数的袋子，在石质或其他硬质基础界面上垒砌生态袋时，可将第一排的生态袋用水泥砂浆配合固定；②叠加层生态袋码放，确保生态袋码放后坡度与设计坡度一致，上下层生态袋之间用连接扣连接，使之相互形成柔性整体结构。生态袋和标准扣摆放步骤如图 4.15 所示。

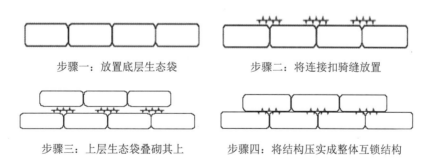

图 4.15　生态袋和标准扣摆放步骤

4）后边坡与生态袋之间回填土要求。生态袋防护技术相当于在原始边坡（一般称之为后边坡）之前增加了一层人为边坡，为了增强后边坡与生态袋坡面之间的整体性，一般需要在两者之间回填土。回填土一般应采用基槽和坡面开挖的土方，不含有机杂质。回填土应分层夯实，每层夯实厚度不大于

20cm，夯实度应达到 85%。

5）坡面排水。应根据边坡的实际情况，如坡度、高度、土质等，结合项目所在地降雨等相关水文资料应设置截水沟、排水沟、边沟和排水管等排水系统，以减少大量降水及地下水浸润对工程基础、支撑面的破坏，危害工程安全。

6）压顶。在墙的顶部，将生态袋的长边方向水平垂直于墙面摆放，以确保压顶稳固。当挡土结构面层较陡时，应在墙后加筋填土的顶层铺设至少 30cm 厚的低渗水率的填土作为防渗层，以减少墙顶面的地表水渗入加筋土区，防渗层需要达到一定的压实度。

7）植被栽植。栽植方式主要有喷播、插播、混播、压播、穴播和抹播等，主要优缺点见表 4.6。一般选择不需要养护或对养护要求不高的植物，以减少后期人力成本，同时以耐旱、耐寒和易成活的草本、灌丛和藤蔓植物为主。

表 4.6　　　　　　　　生态袋不同植被栽植方式优缺点对比

方式	优　点	缺　点
喷播	适用于大面积，施工迅速快捷，植被种子选择范围广，适应旱地，适宜各种坡比	成本较高，作业区域有一定限制，不适宜水位变动部位和暴雨天气
插播	见效快	只适宜无性繁殖（如枝条、藤状和草茎类），成活率相对较低，效率较低，只适宜较小面积（后期补植）
混播	适用于亲水边坡，适宜各种坡比	种子发芽率低
压播	适应消落带位置，适宜各种坡比	只适宜无性繁殖，成活率较低，效率较低，只适宜较小面积，如后期补植
穴播	保存率高	效率较低，只适宜较小面积
抹播	施工快捷，可适用于较大面积，植被种子选择范围广，成本低廉	坡度陡时保存率较低

前期对抹播、穴播和插播三种植物栽植方式进行研究，供试草种主要为狗牙根和雀稗，结果表明，抹播可以大面积使用，而草籽穴播和草茎插播适合后期补植，在小范围内使用。实施一年后，抹播法植被覆盖度能达到 95%。

（3）技术应用范围。生态袋防护技术的最大优势是可以最大限度地适应地形和坡形要求，并可形成阶梯坡状，允许变形能力强，对于一些不规则的特殊地形具有很好的适用性。利用柔性网络及植被根系和枝茎的生态自适应性，可形成一体化的变形自适应的柔性防护体系，增强岸坡的整体抗剪切、抗膨胀、抗冻融、抗冲刷能力，抗拉强度可达 64750N，抗水流冲刷可达 8.6m/s，同时实现环境的绿化美化，解决绿化和硬化的矛盾，实现工程建设与环境保护的有机结合，被广泛应用于各种工程建设、河流、湖库等劣质边坡生态防护领域（表 4.7、图 4.16）。

表 4.7　　　　　　　　　　生态袋防护技术应用领域

应用领域	具 体 范 畴
基础建设	路基护坡、桥头护坡、堤坝修建、排水灌溉系统修建
水土环境保护	江河湖海护岸、矿山植被恢复、土壤侵蚀防护、消落带生态修复
城市生态绿地	园林景观造型、庭院围墙、屋顶绿化、水泊岛岸修建
防洪减灾应急	挡墙护坡、防洪堤坝、防风暴堤坝、垮塌抢修、陡坡加固

（a）堤岸迎水坡面生态袋防护效果

（b）江岸生态袋护坡

（c）江西水土保持生态科技园生态袋护坡

图 4.16　生态袋护坡应用实例

4.3.3 抗冲毯护坡技术

（1）技术内容。抗冲毯护坡是将复合纤维织物、植物草种、配套养护材料等结合起来，对边坡进行生态防护的一体化新型生态护坡；一般铺设于河道堤岸的边坡上，延长绿色植被覆盖时间，在控制水力侵蚀冲刷、防止土壤流失的同时，可达到保护岸坡稳定、生态修复及景观绿化的目的。抗冲毯结构一般包括四层（图4.17和图4.18）：第一层是复合纤维织物层，主要承受外界的流体力，提高发芽期间及后期阶段的抗冲性能，草种完全长起来后可降解；第二层是由无纺布组成的反滤材料层，主要起反滤作用，防止土壤、草种及肥料的流失，在自然条件下可降解；第三层是草种、肥料和保水剂层；第四层是土工格栅，其作用是将抗冲毯整体固定附着在土质坡面上，提高抗冲毯的整体抗冲性。

图 4.17 抗冲毯实物图

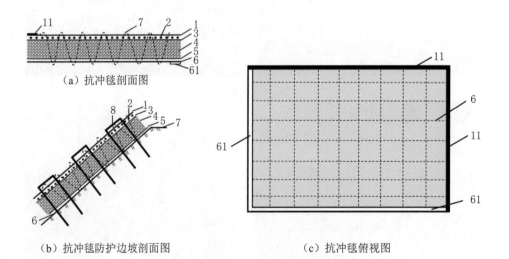

图 4.18 抗冲毯设计示意图

1—复合纤维织物层；2—植物种子；3—无纺布或种子胎体；4—营养基质；5—无纺布；
6—土工格栅；7—土质边坡；8—U形钢筋；11—黏扣带正面；61—黏扣带反面

抗冲毯较传统护岸及其他生态护岸型式有以下优点：①材料轻便，施工简便，不受季节、气温影响，铺设速度快，建设周期短；②可配置适合本地生长、不同种类的草种，也可根据景观搭配需要的草种，可以达到较好的生态和景观效果；③由于草种和复合纤维织物成一体化，对于成活前的一时涨水具有一定的耐冲刷性，抗冲流速可达 4m/s；④不需要大量石材，工程造价较低。

同时抗冲毯也存在一些缺点：①植物没完全生长扎根前抗冲流速较小，仅为 1~2m/s，施工需考虑好抗冲毯植物生长时间；②抗冲毯材质较轻，作为河道护坡材料不能单独使用，抗冲毯坡顶、坡脚及连接处须进行加固保护。

（2）技术参数与流程。抗冲毯防护技术施工工艺主要包括施工准备（场地、材料、工具等）、坡面整平、铺设抗冲毯、U 形钢筋固定、表面覆土、后期养护等几个部分。本书针对迎水坡面的特点，并结合国内已有的施工工艺，研究总结出迎水坡面抗冲毯护坡技术流程，施工工艺如图 4.19 所示。

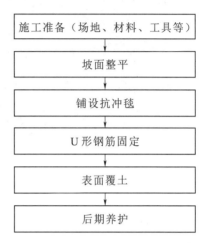

图 4.19　抗冲毯施工工艺示意图

1）坡面整平。首先要调查确认施工土质是否适合植物生长，土质不能是岩石、碎石、砂土或重黏土，确定土质可以采用抗冲毯技术后，清除坡面场地中的石块、树根及杂物，使坡面尽量平整。

2）铺设抗冲毯。将抗冲毯沿坡面顺势铺下，从压脚至压顶、下游往上游方向施工。纵、横方向的重叠部分为 5cm，抗冲毯连接处应为上游侧压住下游侧，坡顶侧压住坡脚侧。

3）U 形钢筋固定。用 U 形钢筋将抗冲毯自下而上进行固定，纵横间距为 5~10m，每个抗冲毯单元采用黏扣进行连接。

4）表面覆土。针对现场坡面土质肥力条件较差的情况，可以适当进行表面覆土处理，以促进抗冲毯中植物种子的快速萌发和生长，厚度为 1~2cm，以壤土为最佳，施工完成后，在未完全覆盖前避免扰动。

5）后期养护。铺设加固完抗冲毯后，根据现场实际天气情况，进行浇水追肥等养护工作，以利于抗冲毯中植物种子的快速萌发和生长。

（3）技术应用范围。抗冲毯适用于河道护坡等领域，用于控制水流冲刷、土壤流失，达到边坡生态修复与景观绿化的功效（图 4.20）。其应用条件为：①河道边坡坡度较缓，一般缓于 1：1.5；②边坡土质较好，稳定性强；③河道水流较缓小于 4m/s；④施工时间需考虑水淹情况，一般草种生长期为 3—11 月，需要预留 2 个月让草种在汛期涨水前成活。

（a）淹水消落后景观　　　　　　　　（b）淹水消落后植被覆绿

图 4.20　堤岸迎水坡面抗冲毯防护效果

4.3.4　无基质植生混凝土护坡技术

植生混凝土是一种兼具生物生长、高透水性和满足强度需求的生态混凝土，由多孔混凝土、营养物质、填充土和植物等构成。其内部呈连续多孔状，孔隙与孔隙之间相互连通，为动植物的生长提供了必要的生存空间。这类混凝土与传统混凝土相比较，具有减少水泥用量、除尘降噪、透水透气、净水储热等功能，同时具有环境友好性或生物相容性，在河道边坡的防护中应用广泛。然而，覆土型的植生混凝土也称为大骨料混凝土，再在土面覆种植土后，建植植物。大骨料生态混凝土在稳固边坡方面有一定作用，但不能防风浪淘蚀作用，水流会侵蚀生态混凝土下层的土壤；在其面层的土壤不耐水流冲刷，易导致建植的植被退化甚至消失（图 4.21）。鉴于迎水坡面易受水流冲刷淘蚀等外营力作用，项目选择无基质植生混凝土护坡技术，在迎水坡面上进行研究应用，主要成果如下。

（1）技术内容。无基质（零覆土）植生混凝土是指将水泥、集料及专用添加剂按针对性配比生产浇筑生态混凝土，待养护成型后，通过特殊的植物配套栽培管理技术将植物直接种植在无土覆盖的生态混凝土上，建植植物，植物根系穿透生态混凝土并扎根于生态混凝土下层土壤，实现植物与生态混凝土的一体化建植的技术，该技术来源于中国科学院武汉植物园。

该技术使用专用添加剂，使生态混凝土具有强度高、孔隙率大、连通孔隙分布合理的性能特点，实现了耐久、透水、反滤的护坡功能，及植物建植的绿化功能，达到了耐久、稳定、植生、绿化、改善景观的生态护坡目的，

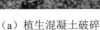

（a）植生混凝土破碎　　　　　　（b）土壤被冲刷掉

图 4.21　覆土型植生混凝土面层植被土壤冲刷

最终实现植物长期持续生长与边坡防护的双重功能。

（2）技术参数与流程。无基质植生混凝土施工工艺主要有坡面平整、格构梁浇筑、回填土夯实、铺设无纺布、植生混凝土制备浇筑、植草养护等。本书针对迎水坡面的特点，结合相关的施工工艺，研究总结出迎水坡面无基质植生混凝土护坡技术流程，施工工艺如图 4.22 所示。

1）坡面平整。清除坡面场地中的石块、树根及杂物，使坡面尽量平整，供格构梁边框开挖。

2）格构梁浇筑。按格构梁设计图纸放样线，在坡面上开挖 1.5m×2m 的格构梁边框土槽，深 30cm，宽 20cm，开挖后制模，采用 C_{25} 商品混凝土进行浇筑，每 15m 分一道缝，缝内填塞沥青杉木板，浇筑的格构梁高出坡面土壤约 5cm。

3）回填土夯实。待格构梁养护后，拆除模板，格构梁四周产生的间隙采用开挖土方进行回填，每 5cm 一层进行人工夯实，平整格构内的土壤坡面，最终低于格构梁平面 5cm。

4）铺设无纺布。在浇筑植生混凝土前，在格构梁内土壤表面铺设一层无纺布，起到反滤和提供营养的双重作用，同时防止水流穿透植生混凝土对底层土壤进行冲刷淘蚀。

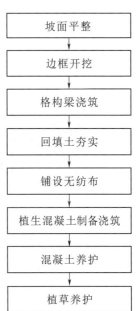

图 4.22　无基质植生
混凝土施工工艺

5）植生混凝土制备浇筑。以水泥、单粒级碎石及专用添加剂按针对性配比，制备出满足 25%～30%孔隙率和强度要求的植生混凝土，并浇筑在格构梁内无纺布上，压实拍紧，尤其是针对植生混凝土与格构梁连接处，铺设厚度为

5cm。后期浇水养护1~2周，每天浇水1~2次，视天气情况可适当调整。

6）植草养护。草种以耐淹耐旱的植物为主，本书以狗牙根为植生混凝土护坡草种。待植生混凝土养护完成，达到设计强度后，在植生混凝土面层上撒播狗牙根草种，尽量做到均匀一致，再进行无纺布覆盖。为保证草种快速萌发生长，在工程坡面上布设简易的喷灌系统浇水，防止前期植生混凝土高温导致萌发的幼苗烧死，每周追肥（氮肥为主）1~2次进行养护，加快生长速度。

（3）技术应用范围。无基质植生混凝土护坡技术有效解决了生态混凝土强度与连通孔隙率均衡的矛盾，通过特殊的植物配套栽培管理技术将植物直接种植在无土覆盖的生态混凝土上，植物根系穿透生态混凝土并扎根于混凝土下层土壤，实现植物与生态混凝土的一体化建植，最终实现植物长期持续生长与边坡防护的双重功能。该技术可用于消落带、道路边坡、山体切坡等边坡的生态修复治理，尤其适用于小于70°的水域边坡、消落带等边坡（图4.23），可防止消落带边坡受水浪直接冲刷，保护消落带土壤不受侵蚀，具有保持水土的功能。

 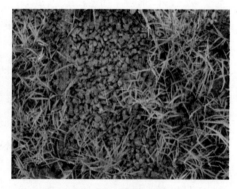

（a）防护效果远景　　　　　　　　　　（b）防护效果近景

图4.23　堤岸迎水坡面无基质植生混凝土防护效果

4.3.5　消浪植物篱技术

根据风浪对边坡稳定性影响的结果分析，风浪可爬高至47.06m高程，高出库区田面（46.80m）。因此，在设计库区迎水坡面生态防护形式时，需要在46.00m高程处考虑设计消浪措施，以减小风浪爬高高度。植物消浪防浪是保护岸坡带的主要方式之一。众多研究证明合理的植物措施可以消减波浪能量，减少波浪对岸坡带的冲刷破坏。除了消减波浪能量，抑制波浪对岸坡带土体的直接作用力外，植物还通过其地上部分改变水流速度和方向，削弱波浪入射、回流及降雨地表径流对岸坡的冲刷，同时通过地下根系对岸坡土壤物理力学性质的改良，增强土壤抗剪强度，进而减缓岸坡的侵蚀速率，起到稳定岸坡的作用（Gurnell，2013；钟荣华等，2015；陈杰等，2018）。

（1）技术内容。香根草属多年生草本植物，株高1.5～2m，具有水生和旱生两大特点，能抵御极度干旱和长时间的水涝，完全淹水5个月仍能存活。适应pH值范围广，耐瘠薄，一般的土壤均能生长，是理想的水土保持植物；适应能力强，生长繁殖快，根系发达，有"世界上具有最长根系的草本植物"之称（图4.24）。同时香根草地上生物量大，茎叶密集簇生，形成密集的绿篱带，适合作为消浪植物篱在迎水坡面防护中应用。

（a）地上部分　　　　　（b）耐水淹　　　　　（c）根系部分

图4.24　香根草植物篱

（2）技术参数与流程。消浪植物篱施工工艺主要有坡面平整、种苗前处理、放线测量、定植穴开挖、等高密植以及后期管养等。本书针对迎水坡面的特点，结合国内相关的施工工艺，研究总结出迎水坡面消浪植物篱护坡技术流程，施工工艺如图4.25所示。

1）坡面平整。清除坡面场地中的石块、树根及杂物，使坡面尽量平整，便于后期植物种植。

2）种苗前处理。从苗圃取来的种苗由于根系密集粗壮，需借助刀、锄等工具，把草蔸分成数束（2～3个分蘖为一束）；把离根基15～20cm的茎和10cm以下的根系切掉。在夏季干旱时期，种植前将种苗根系与苗基部浸入水中1d以上，以提高香根草的成活率。

3）定植穴开挖。按照设计图纸测量放线，标出消浪植物篱的边界，按照株行距15cm×15cm开挖种植穴。

4）等高密植。种植原则为等高种植、斜插浅栽，在种植穴中放入待栽草苗（使其草苗与坡面呈45°～60°倾斜紧贴），不要把根系折弯朝上，然后壅浅土（茎基节埋入土中3～

图4.25　消浪植物篱施工工艺

4cm），压紧。种植时间宜选择在雨季的阴雨、空气潮湿天栽种为最好，如栽后遇连续晴天，应及时浇定根水，以确保成活。

　　5）后期管养。香根草成活后，不需要特别管护。但对于生长环境恶劣、茎叶淡黄、枯尖不长的种植地段，应趁阴雨天追肥（尿素），以促进生长，加速分蘖。

　　（3）技术应用范围。香根草靠分株分蘖繁殖，在非常贫瘠、紧实、强酸或强碱以及重金属污染的土壤上均可生长，并迅速形成密集的绿篱带，固土护坡效果显著，被广泛应用于边坡水土流失治理等领域（图 4.26）。

（a）防护效果远景　　　　　　　　（b）防护效果近景

图 4.26　堤岸迎水坡面消浪植物篱效果

4.4　迎水坡面梯级生态防护模式

4.4.1　生态护坡设计原则

　　迎水坡面具有许多功能，其中最基本的功能是防洪排涝、供水输水，其次是满足景观、生态和人类活动的需求，这些功能可以分别用水利功能、景观功能、生态功能和亲水功能来概括。为实现这些功能，生态护坡设计需遵循一定的原则（表 4.8）。

表 4.8　　　　　　　　　　生态护坡功能及其设计原则

一级功能	二级功能	设计原则
水利功能	防洪排涝、供水输水、航运	安全、经济、结构稳定性
生态功能	生物繁衍、栖息地、廊道	具有孔隙和生态位
景观功能	景观建设、场所及形象功能	与周围环境的整体性和协调性
亲水功能	休闲娱乐、运动、划船、休憩	安全亲水

4.4.2　梯级生态护坡模式探讨

　　根据水位调度进行边坡梯级生态防护是库区迎水坡面生态防护的核心思路。基于水位变动进行梯级植被重建，梯级划分设计是原则，植被生境创建与改善是保障。根据以上不同关键技术的特点，构建适用于不同边坡条件下的库区迎水坡面梯级生态防护技术模式（表4.9），不同功能区具体措施布设如图4.27所示。

表4.9　　　　　　　　库区迎水坡面梯级生态防护技术模式

模　式　名　称	关　键　技　术	适　应　条　件
植草梯级防护模式	假俭草、香根草护坡	适用于水流冲刷速度较小（1～2m/s）的临江凹形边坡
抗冲毯梯级防护模式	抗冲毯、消浪植物篱、假俭草护坡	适用于水流冲刷速度不大于4m/s的临江凹形边坡
生态袋梯级防护模式	生态袋、消浪植物篱、假俭草护坡	适用于水流冲刷速度不大于8m/s的临江凸形边坡
无基质植生混凝土梯级防护模式	无基质植生混凝土、消浪植物篱、假俭草护坡	适用于水流冲刷速度不大于40m/s的临江凸形边坡

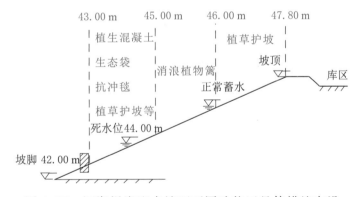

图4.27　河湖堤岸迎水坡面不同功能区具体措施布设

　　（1）43.00～45.00m高程区域。易受水位消落作用，受到波浪侵蚀和坍塌滑坡的影响，土壤侵蚀最为强烈；为固土抗冲区，采用工程措施与生物措施相结合的方法，主要技术措施有生态袋、抗冲毯、无基质植生混凝土、植草护坡；此段坡面工程加固带为稳固库区迎水坡面，将植被与工程结合，实现坡面的有效防护。

　　（2）45.00～46.00m高程区域。正常蓄水位附近，水位停留时间长，波浪爬高影响严重，为消落减蚀区，建立适宜的消浪植物篱工程，选择相应的适生植物，以起到消浪、增强坡面抗冲性和稳定性的作用，有效发挥植物根系的固土护坡作用，降低风浪爬高的影响。

（3）46.00m 高程以上区域。属于常露区（非消落带），但易受到降雨侵蚀的影响，为抗蚀景观区，种植具有较好景观效益、根系发达的护坡灌草植物，形成景观带。

第5章 河湖堤岸迎水坡面生态防护效益评价

为了更好地推广应用迎水坡面生态护坡技术模式，结合模拟试验与应用示范点建设，从植物适应性、水土保持、面源污染防控和植物多样性等方面，对迎水坡面不同生态护坡技术模式进行效益监测评价，从而为河湖堤岸迎水坡面生态修复工作提供技术支撑。

5.1 研 究 方 法

5.1.1 护坡植物适应性

考虑到不同高程条件下植物的耐淹耐旱能力以及种源的可获取性，抗蚀景观区（46.00～47.80m 高程）、消浪抗蚀区（45.00～46.00m 高程）、固土抗冲区（43.00～45.00m 高程）分别选用了假俭草、香根草与狗牙根护坡植物，其中假俭草采用开沟撒茎（见 4.3.1 小节）、草茎扦插（密度为 25cm×20cm，每穴 1 株）、撒茎覆土碾压法（密度为 100 个/m²，覆土 2～3cm）3 种建植方式进行比较，香根草采用的是定植穴等高密植法（株行距 15cm×15cm），狗牙根采用的是草籽撒播法。在不同水位区域设置大小为 1m×1m 的固定样方，定位观测植物生长情况变化，每个区域重复 5 次。观测指标与方法具体如下：

假俭草观测指标包括植株高度、草茎长度、植被覆盖度、分蘖数和地上生物量；香根草和狗牙根包括植株高度和覆盖度。在每个固定样方内沿对角线选取 3 株，以红绳标记。每次定株测定植株的自然高度、草茎长度以及分蘖数；覆盖度采用数码相机对样方进行拍照，后期采用植被覆盖度动态测量系统进行数据分析得到覆盖度指标；在假俭草旺盛生长期，每个小区沿对角线设 3 个 20cm×20cm 的小样方测量地上生物量。收获地上部分材料，在105°烘箱内烘干至恒重，得到干重生物量。

5.1.2 水土保持及消浪效益

（1）径流小区监测。结合江西水土保持生态科技园二期生态护坡试验小区，选择地表裸露、狗牙根植草、生态袋护坡 3 个径流小区（表 5.1、图 5.1），对不同护坡形式自然降雨条件下水土流失情况进行观测，观测指标主要有自然降雨量、地表径流量和土壤侵蚀量。降雨后测量坡面表层出现的侵蚀沟形态。

表 5.1 不同护坡径流小区规格及措施

小区规格/(m×m)	护坡形式	坡比
10×5	地表裸露	1∶1.5
10×5	狗牙根植草护坡	1∶1.5
10×5	生态袋护坡	1∶1.5

图 5.1 不同护坡措施径流小区

（2）野外坡面侵蚀形态监测。在野外不同生态防护模式护坡坡面，每隔 10m 取一典型断面，用直尺量取该断面坡面的侵蚀沟长（l）及侵蚀沟深（h），每个断面量取 8 个样点，取其平均值作为该断面的侵蚀形态特征参数。以此作为标准，比较不同护坡模式的坡面形态特征差异，共获得 40 个断面，每种护坡模式 10 个断面，量取 320 个样点。

5.1.3 氮磷面源污染削减效益

采用野外定位观测的方法，以传统混凝土硬质护坡为对照，在不同梯级生态防护模式的坡脚设置径流收集池，天然降雨后，采集径流池中的径流水质样品，带回实验室分析径流中的总氮与总磷含量，对比分析不同护坡模式对氮磷面源污染的削减效益。

5.1.4 植物多样性

采用目前最为广泛使用的 Margalef 丰富度指数、Simpson 指数、Shannon –

Wiener 指数、Pielou 群落均匀度指数，对不同护坡形式的植物多样性进行评价。其计算方法为

Margalef 丰富度指数 $\qquad R=S$ （5.1）

Simpson 多样性指数 $\qquad D=1-\sum_{i=1}^{S}P_i^2$ （5.2）

Shannon - Wiener 多样性指数 $\qquad H=-\sum_{i=1}^{S}P_i\ln P_i$ （5.3）

Pielou 群落均匀度指数 $\qquad J_{sw}=(-\sum_{i=1}^{S}P_i\ln P_i)/\ln S$ （5.4）

式中　S——样方中物种总数；

　P_i——第 i 个物种的重要值，$i=1$，2，3，…，S。

Simpson 指数对物种均匀度较为敏感，而 Shannon - Wiener 指数受物种丰富度的影响更大，Pielou 群落均匀度指数直接反映群落的均匀度。

5.1.5　数据处理与分析

采用单因素方差分析（One - way ANOVA）和多重比较（Duncan test）的方法检验不同处理之间上述各项监测指标的差异显著性。

5.2　护坡植物适应性

5.2.1　假俭草生长及覆盖度变化

（1）植株自然高度变化。护坡植物高度影响坡面景观效果。对于堤防护坡这一特殊用途而言，草种高度越低，坡面越整洁优美，且利于坡面的管理，尤其便于汛期巡查除险。监测结果表明，三种假俭草建植方式下草种自然高度总体上都在增加，少部分监测有所变化，主要是由假俭草干旱倾伏造成的。假俭草植株高度相对稳定后，开沟撒茎、草茎扦插和撒茎覆土碾压三种建植方式下草坪高度分别保持在 14.4cm、14.5cm 和 12.5cm（图 5.2），这与刘建秀等（2003）得到的自然状况下假俭草草层高度约为 10cm 的研究结果相符。方差分析结果表明（表 5.2），开沟撒茎、草茎扦插两种建植方式下假俭草草坪高度显著高于撒茎覆土碾压建植方式（$P<0.05$），但开沟撒茎与扦插之间不存在显著性差异（$P>0.05$）。

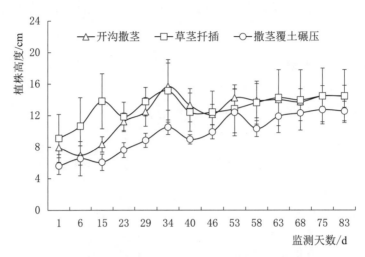

图 5.2　假俭草不同建植方式下植株自然高度变化

表 5.2　　　　　假俭草不同建植方式下植株自然高度方差分析结果

（I）建植方式	（J）建植方式	均值差（I−J）	标准误差	显著性	95%置信区间	
					下限	上限
开沟撒茎	草茎扦插	−0.7286	0.8912	0.419	−2.531	1.074
	撒茎覆土碾压	2.6000	0.8912	0.006	0.797	4.403
草茎扦插	开沟撒茎	0.7286	0.8912	0.419	−1.074	2.531
	撒茎覆土碾压	3.3286	0.8912	0.001	1.526	5.131
撒茎覆土碾压	开沟撒茎	−2.6000	0.8912	0.006	−4.403	−0.797
	草茎扦插	−3.3286	0.8912	0.001	−5.131	−1.526

　　（2）草茎长度变化。匍匐茎是假俭草重要的营养器官，其长度的大小将影响植物的生长以及种群的扩散。在整个定位观测期间，各处理组的假俭草匍匐茎长度均呈上升趋势，表现出匍匐茎旺盛的生命力（图 5.3）。60d 后开沟撒茎、草茎扦插和撒茎覆土碾压三种建植方式下假俭草草茎长度分别稳定在 79.5cm、88.9cm 和 82.8cm，观测期间三种建植方式下草茎平均生长速度为 0.77cm/d、0.82cm/d、0.78cm/d，这与吴佳海等（2000）在贵州的研究结果较为接近（0.52cm/d），但远远低于任健等（2002）、毛凯等（2002）在四川进行的野生假俭草扦插引种栽培试验得到的草茎生长速度（峨眉山假俭草和雅安假俭草草茎平均生长速度达到 4.5cm/d）。根据方差分析结果（表 5.3）进一步得出，开沟撒茎、草茎扦插和撒茎覆土碾压三种建植方式对假俭草草茎长度生长无显著性影响（$P > 0.05$）。

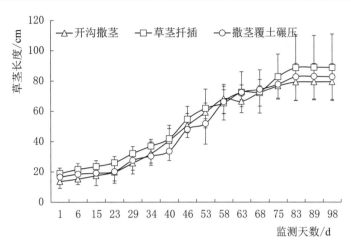

图 5.3　假俭草不同建植方式下草茎长度变化

表 5.3　　假俭草不同建植方式下草茎长度方差分析结果

(I) 建植方式	(J) 建植方式	均值差 (I−J)	标准误差	显著性	95%置信区间	
					下限	上限
开沟撒茎	草茎扦插	−4.4857	9.3123	0.633	−23.322	14.350
	撒茎覆土碾压	−0.1786	9.3123	0.985	−19.014	18.657
草茎扦插	开沟撒茎	4.4857	9.3123	0.633	−14.350	23.322
	撒茎覆土碾压	4.3071	9.3123	0.646	−14.529	23.143
撒茎覆土碾压	开沟撒茎	0.1786	9.3123	0.985	−18.657	19.014
	草茎扦插	−4.3071	9.3123	0.646	−23.143	14.529

（3）草茎分蘖数变化。草茎建植后，各处理组假俭草分蘖数量稳步增长，特别是从 7 月中旬开始，假俭草分蘖进入快速增长期（图 5.4），这也说明假俭草占据生态位的能力极强。同时在整个观测期间，三种建植方式之间不存在显著差异。80d 后假俭草停止分蘖，开沟撒茎、草茎扦插和撒茎覆土碾压建植方式下定株观测的假俭草分蘖数量平均为 68 个、83 个和 74 个。整个观测期间，分蘖速度平均为 0.43 个/d、0.37 个/d 和 0.42 个/d。

（4）覆盖度变化。覆盖度是生态护坡防护效果的重要指标之一。覆盖度提升成坪越快越有利于提升目标草种的生态位，降低杂草入侵的可能性，从而降低后期草坪除杂和水肥管理的成本。监测结果表明，三种建植方式下草坪覆盖度均逐步增加（图 5.5），成坪后稳定在 90%左右。方差分析结果（表 5.4）说明，草茎扦插建植方式下覆盖度显著大于开沟撒茎和撒茎覆土碾压两种建植方式（$P<0.05$），但从 80d 后三种建植方式之间草坪覆盖度不存在显著差异。

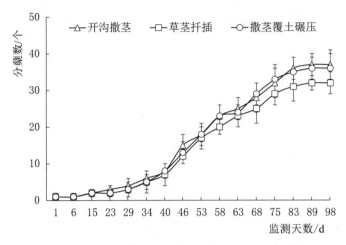

图 5.4　假俭草不同建植方式下分蘖数变化

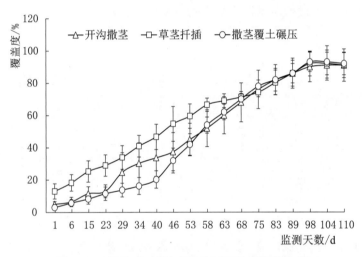

图 5.5　假俭草不同建植方式下覆盖度变化

表 5.4　假俭草不同建植方式下覆盖度方差分析结果

（I）建植方式	（J）建植方式	均值差（I−J）	标准误差	显著性	95%置信区间	
					下限	上限
开沟撒茎	草茎扦插	−0.1641071	0.0711762	0.027	−0.308075	−0.020140
	撒茎覆土碾压	0.0737500	0.0711762	0.307	−0.070218	0.217718
草茎扦插	开沟撒茎	0.1641071	0.0711762	0.027	0.020140	0.308075
	撒茎覆土碾压	0.2378571	0.0711762	0.002	0.093890	0.381825
撒茎覆土碾压	开沟撒茎	−0.0737500	0.0711762	0.307	−0.217718	0.070218
	草茎扦插	−0.2378571	0.0711762	0.002	−0.381825	−0.093890

（5）生物量。生物量是植物光合作用积累有机物的量。对一定时期内地上部分生物量进行测定，可以从侧面了解该草种积累物质的能力，从而反映整体生长状况。研究结果表明，开沟撒茎和草茎扦插建植方式的地上生物量较为接近，但略低于撒茎覆土碾压建植方式下的地上生物量（表5.5）。将地上生物量和植株种群自然高度综合比较，撒茎覆土碾压建植方式既能达到较大的生物量，草坪整体高度也较低，说明这种建植方式下假俭草地上部的茎秆、叶片的密集程度较大，更符合堤防植草护坡的目标。

表5.5　　　　　　　　　　三种建植方式下地上生物量比较

生物量	开沟撒茎	草茎扦插	撒茎覆土碾压
鲜重/(g/m^2)	4012.2±126.5	4215.6±264.4	4626.5±238.4
干重/(g/m^2)	425.4±26.5	463.5±42.1	521.2±36.6

根据观测结果发现，假俭草在迎水坡面抗蚀景观区长势良好，具有较好的适应性，可以作为该区域的优良护坡植物。此外，开沟撒茎、草茎扦插、撒茎覆土碾压三种建植方式在草茎生长速度、分蘖数和成坪覆盖度方面无显著差异，而开沟撒茎能够取得与草茎扦插一样的效果，是适宜的无性繁殖方式。另外，在较大面积时，与草茎扦插相比，开沟撒茎操作更为简便，成本较低。综合考虑，在进行较大面积的推广应用时，开沟撒茎是一种值得推荐的假俭草无性繁殖方式。

5.2.2　香根草生长及覆盖度变化

（1）植株自然高度变化。香根草作为消浪植物篱进行护坡，其植株高度大小直接影响消浪效果。监测结果表明，香根草具有很强的适应性，长势良好。自栽植以来，植株高度一直在增加，至2018年7月4日后，高度基本稳定在150cm左右（图5.6）。由于栽植时间处于夏季（8月），其成活后对土壤、水分要求不严，在干旱条件下仍能迅速生长。由图5.6可知，2017年12月，香根草生长最为迅速，生长速度达16.25cm/月，后续生长速度逐渐下降，趋于相对稳定。

（2）覆盖度变化。香根草覆盖度变化结果表明（图5.6），香根草覆盖度随着时间的增加而增加，与植株自然高度变化规律一致。覆盖速率以栽植完3个月内最快，至2017年12月，覆盖度即可达到60%，随后覆盖度增加速率相对减缓，至2018年4月23日趋于完全覆盖。

5.2.3　狗牙根生长及覆盖度变化

（1）植株自然高度变化。库区迎水坡面43.00～45.00m高程区域的护坡

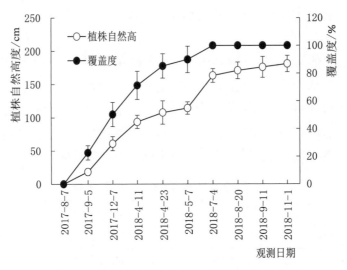

图 5.6　香根草植株自然高度及覆盖度变化

植物主要为狗牙根，针对不同生态护坡形式的狗牙根植株自然高度变化进行
分析（图 5.7），发现狗牙根在生态袋上的植株高度要明显高于其他三种护坡
形式，且在工程运行蓄水水淹后，植株高度略有下降趋势，至 2017 年 12 月
7 日最低，翌年 4 月 11 日，水位下降，生态袋出露，狗牙根历经近 6 月的水
淹后，可正常返青（图 5.8）。与生态袋相比较，抗冲毯设置、植草护坡植物
狗牙根种植相对较晚，水位上涨前，狗牙根萌发正处于三叶期，耐淹能力弱，
导致植株死亡。次年补种后（4 月 11 日），其耐淹能力仍有待继续观测。

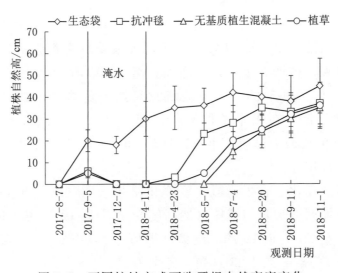

图 5.7　不同护坡方式下狗牙根自然高度变化

（2）覆盖度变化。分析不同生态护坡形式的狗牙根植株覆盖度变化

（a）水淹狗牙根（2017年12月）　　　　　（b）返青狗牙根（2018年4月）

图5.8　生态袋护坡狗牙根水淹返青情况

（图5.9），发现在植被覆盖度上，不同护坡形式间差异及变化规律与植株高度较为一致。生态袋、抗冲毯、植草护坡在水淹后，植被覆盖度均迅速下降，其中抗冲毯、植草护坡植被完全冲刷至死亡，仅生态袋护坡的狗牙根在水淹条件下仍保持近30%的覆盖度，这与其水淹前植物长势有关。因此，迎水坡面生态护坡植物种植，尤其要考虑在水淹之前加速其生长。

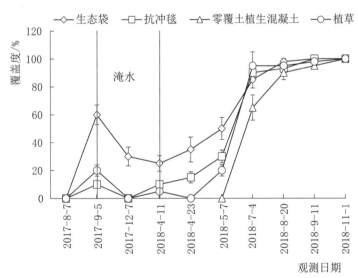

图5.9　不同护坡方式下狗牙根覆盖度变化

5.3　水土保持及消浪效益

5.3.1　不同护坡形式坡面降雨-径流特征

不同护坡形式坡面降雨-径流-侵蚀关系如图5.10所示，结果表明，植草、生态袋和裸露对照小区的径流系数分别为 3.38％、4.26％和 5.13％，植草和生态袋防护均有一定的减流效应，分别为 34.11％、17.00％，但未达到显著性差异（$P > 0.05$）的程度。因此，生态袋护坡能在一定程度上抑制地表径流的产生，但是没有显著差异，生态袋对坡面产流无显著影响。

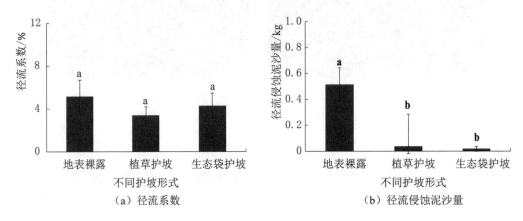

图 5.10　不同护坡形式坡面降雨-径流-侵蚀关系

5.3.2　不同护坡形式坡面降雨-侵蚀特征

从狗牙根植草、生态袋和裸露对照小区自然降雨条件下土壤流失量统计图（图 5.10）可以看出，植草和生态袋防护模式能显著抑制边坡土壤流失。进行植草和生态袋等生态防护一年后，裸露对照小区平均土壤侵蚀量达到 0.51kg，而植草和生态袋防护下土壤流失量极小，分别仅为裸露小区的 7.84％和 3.92％。生态袋护坡小区土壤侵蚀量主要来源于实施狗牙根草籽抹播时覆盖的一层种植土。因此，生态袋防护可以显著抑制土壤流失，同时有效降低了风浪对坡面稳定性的影响，抵御了风浪作用下最大波动底流速（3.12m/s）对坡面的冲刷作用，风浪爬高也得到了有效抑制。

5.3.3　不同护坡形式坡面侵蚀沟特征

土质边坡表面水力侵蚀的发育规律，主要表现为溅蚀→面蚀→浅沟侵蚀→切沟侵蚀→冲沟侵蚀→坍塌的变化过程，总的侵蚀规律是由溅蚀、面蚀向沟蚀发展。结果表明，实施生态护坡的边坡（包括植草和生态袋），未见明显的降雨侵蚀沟，而未进行防护的地表裸露边坡小区雨后则发生明显的坡面沟蚀。据连续降雨（中雨到大雨）6d 后的观测，在 50m² 的坡面上共发生冲刷细沟 11 条，沟宽 6～15cm，沟深 3～8cm，长度不等，最长的为 8.63m，最短的也有 2.16m。因此，生态护坡可有效控制边坡由面蚀向沟蚀发育。

5.3.4 不同护坡模式边坡侵蚀形态特征

针对不同生态护坡模式第一年蓄水消退后坡面侵蚀形态进行分析（表 5.6），发现植草梯级防护模式（水淹区主要为狗牙根）坡面侵蚀冲刷严重（图 5.11），平均侵蚀坡长为 4.32m，平均侵蚀深（厚度）为 26.58cm，而抗冲毯、生态袋、无基质植生混凝土梯级防护模式坡面基本完好，未发现侵蚀沟。植草梯级防护模式侵蚀冲刷严重，这与狗牙根根系较浅、水位上涨前还处于幼苗期（三叶期）有关。因此，后期在此基础上补植了香根草和狗牙根（图 5.12），其抗冲刷浪蚀效果还有待进一步观测。

表 5.6 不同生态防护模式第一年蓄水消退后坡面侵蚀形态

取样断面	植草梯级防护模式		抗冲毯梯级防护模式		生态袋梯级防护模式		无基质植生混凝土梯级防护模式	
	l	h	l	h	l	h	l	h
断面 1	6.61	55.08	0	0	0	0	0	0
断面 2	6.87	16.42	0	0	0	0	0	0
断面 3	6.45	40.25	0	0	0	0	0	0
断面 4	1.60	21.30	0	0	0	0	0	0
断面 5	2.07	12.04	0	0	0	0	0	0
断面 6	5.06	30.54	0	0	0	0	0	0
断面 7	4.66	20.56	0	0	0	0	0	0
断面 8	2.01	19.30	0	0	0	0	0	0
断面 9	3.50	26.50	0	0	0	0	0	0
断面 10	4.34	23.80	0	0	0	0	0	0
平均	4.32	26.58	0	0	0	0	0	0

注：l 为侵蚀坡面长，m；h 为侵蚀深，cm。

同时根据模型计算结果，发现抗冲毯、生态袋、无基质植生混凝土式梯级防护模式均有效降低了风浪对坡面稳定性的影响，抵御了风浪作用下最大波动底流速（3.12m/s）对坡面的冲刷作用，风浪爬高也得到了有效抑制。

（a）植草梯级防护模式

（b）抗冲毯梯级防护模式

（c）生态袋梯级防护模式

（d）无基质植生混凝土防护模式

图 5.11　不同生态防护模式第一年蓄水消退后坡面侵蚀形态

（a）补植

（b）补植后效果

图 5.12　植草梯级防护模式重新种植香根草和狗牙根

5.4　氮磷面源污染削减效益

通过野外定位观测结果（图 5.13），发现四种梯级生态防护模式均能有效降低径流水体中的总氮和总磷含量，总氮削减率为 46.82% ~ 82.94%，总磷削减率为 49.07% ~ 61.81%。其中以植草式梯级防护模式与无基质植生混凝土式梯级防护模式削减效果最佳，传统混凝土护坡形式氮磷含量最高，分别为 1.5476mg/L、0.0864mg/L。这说明四种梯级生态防护模式在促进植被恢复的同时，也显著减少了进入水体的氮磷面源污染，对水体富营养化污染防治具有重要作用。

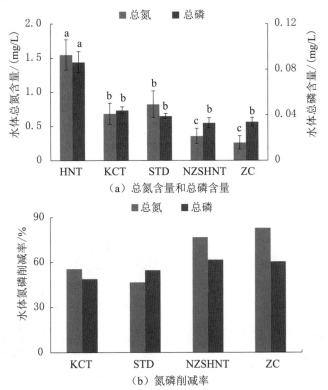

图 5.13　不同梯级生态防护模式面源污染削减效益

HNT—普通混凝土护坡；KCT—抗冲毯梯级模式；STD—生态袋梯级模式；

NZSHNT—无基质植生混凝土梯级模式；ZC—植草梯级模式

5.5　植　物　多　样　性

针对不同生态护坡模式实施后的植物多样性调查结果（图 5.14），发现植物多样性以无基质植生混凝土最高，物种数、Simpson 指数、Shannon - Wiener 指数分别为 35 种、0.954、3.208，其次为生态袋、抗冲毯、植草和浆砌片石模式，普通混凝土护坡技术未发现植物物种出现。这与无基质植生混凝土表层孔隙较多有关，在经历淹水并消退后，河道中带有土壤种子库的淤泥容易淤积在无基质植生混凝土表面，水位消退后便能萌发出苗。因此，从植物多样性的角度，四种梯级生态防护模式均能有效增加植物多样性，促进植被恢复演替（图 5.15）。

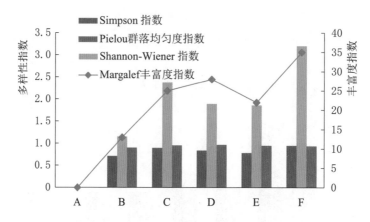

图 5.14　不同护坡技术植物多样性变化

A—普通混凝土护坡；B—浆砌片石护坡；C—生态袋护坡；D—抗冲毯护坡；

E—植草护坡；F—无基质植生混凝土护坡

（a）生态防护效果远景　　　　　　　　（b）生态防护效果近景

图 5.15　无基质植生混凝土梯级防护模式植被恢复状况

第6章 野外示范点建设

依据江西省峡江水利枢纽库区迎水坡面设计文件及现场测量结果，迎水坡面岸线长11.77km，典型断面有a、b、c、d，其中以典型断面a、b坡长较长，且主要分布在水田库区，岸线最长，为4.63km，占库区总岸线长的39.34%。同时根据野外调查结果，库区迎水坡面侵蚀、崩塌严重，示范点原貌如图6.1所示。因此，结合项目研究成果，选择在江西省峡江水利枢纽库区进行应用示范，具有较高的典型性和代表性。

图6.1 峡江水利枢纽库区迎水坡面示范点原貌

6.1 示范点基本情况

6.1.1 示范点概况

示范点位于水田库区，处于赣江右岸，距坝址上游约18km处，属吉水县水田乡管辖。库区区域面积为4975亩。设计库区高程为46.80m，江边主干道高程为47.80m。沿江库区边坡坡比为1:2，边线长4630m，其中水田A片和B片坡脚最高高程为45.50m，最低高程为42.57m，平均高程为43.83m，平均坡面长为8.89m。水田C片坡脚最高高程为45.70m，最低高程为 42.18m，平均高程为 45.02m，平均坡面长为 6.21m；水田 D 片和 E 片坡脚最高高程为 45.18m，最低高程为 42.29m，平均高程为 43.81m，平均坡面长为 8.91m；水田 F 片和 G 片坡脚最高高程为 45.98m，最低高程为 44.22m，平均高程为 45.31m，平均坡面长为 5.57m。

6.1.2　应用示范总体内容

选择吉水县孔巷村库区迎水坡面进行应用示范，坡脚高程为 42.00m，坡顶高程为 47.80m，桩号为 0+330～0+750，岸线长为 420m，平均坡长为 11.00m，示范点面积为 4620m²。示范内容主要有植草梯级防护模式、抗冲毯梯级防护模式、生态袋梯级防护模式、无基质植生混凝土梯级防护模式（表 6.1），四种模式示范面积分别为 1320m²、1100m²、1100m²、1100m²。峡江库区水田片区示范点平面图如图 6.2 所示。

表 6.1　　　　　　　　峡江库区迎水坡面生态防护技术模式

示范模式	示范技术	坡面长 /m	岸线长 /m	示范规模 /m²
植草梯级防护模式	假俭草、香根草护坡	11	120	1320
抗冲毯梯级防护模式	抗冲毯、消浪植物篱、假俭草护坡	11	100	1100
生态袋梯级防护模式	生态袋、消浪植物篱、假俭草护坡	11	100	1100
无基质植生混凝土梯级防护模式	无基质植生混凝土、消浪植物篱、假俭草护坡	11	100	1100
合　　计			420	4620

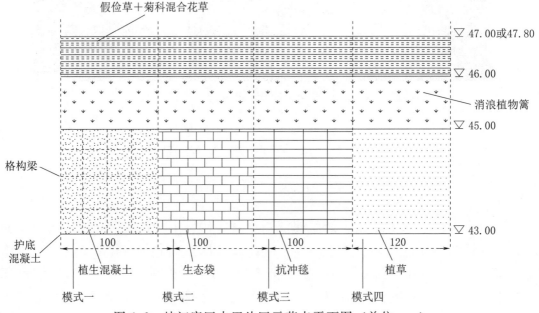

图 6.2　峡江库区水田片区示范点平面图（单位：m）

6.2　坡　面　整　治

6.2.1　坡面平整

施工前，将原有坡面清理平整，将坡面上一些垃圾杂物以及较大的杂灌清理干净，尤其是针对前期坡面水刷、淘蚀严重的区域，采用红黏土进行土方回填并平整，回填土须分层压实，回填土每层至少夯打三遍（图6.3）。打夯应一夯压半夯，夯夯相接，行行相连，纵横交叉。如果土壤过分干燥，可洒水后再压实，以保证土壤的压实度，并检查设计标高及坡度是否达到设计要求。填土预留一定的下沉高度，预留的下沉高度要求不超过填方高度的3％。填土全部完成后，应进行表面拉线找平，凡超过标准高程的地方及时依线铲平，凡低于标准高程的地方应补土夯实。施工中注意雨情，雨前应及时夯完已填土层或将表面用无纺布覆盖，防止降雨冲刷导致土壤流失。

（a）原有冲刷坡面　　　　　　（b）机械平整坡面　　　　　　（c）平整后坡面

图6.3　坡面平整

6.2.2　护底混凝土浇筑

为保证库区迎水坡面稳定性，在坡脚抛石上浇筑护底混凝土，防止坡脚受波浪、水流冲刷而出现边坡崩岸和垮塌现象。根据项目区的气象水文资料计算设计，护底混凝土参数设计如图6.4所示。具体施工流程包括抛石平整、细沙铺平（抛石孔隙较大，导致混凝土漏浆）、测量放线、C_{15}混凝土垫层浇筑、钢筋布设、加固模板制作、C_{25}护底混凝土浇筑、后期养护等（图6.5）。

6.2.3　坡顶草埂修筑

生态护坡施工中，由于正处雨季时节，坡面局部冲刷严重，因此需要布设排水措施以有序引导堤防路肩径流，减少坡面汇流。经过实践研究，项目在坡顶处修筑了一道土埂，高度约为20cm，宽度约为30cm。上面撒播狗牙根等草籽，形成一道草埂（图 6.6），并每隔一段距离再设置一个出口，与库区排水沟相连接，将堤面的径流引排至库区排水沟内底，减轻径流对坡面的冲刷，保护边坡坡面。

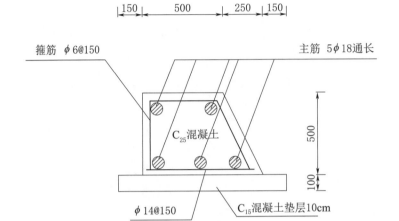

图 6.4　护底混凝土参数设计（单位：mm）

（a）抛石平整　　　　　　　　　　　（b）测量放线

（c）C$_{15}$混凝土垫层浇筑　　　　　　　（d）C$_{15}$混凝土垫层

图 6.5（一）　护底混凝土浇筑

（e）布设钢筋

（f）加固模板制作

（g）C_{25} 护底混凝土浇筑

（h）C_{25} 护底混凝土

图 6.5（二） 护底混凝土浇筑

（a）草埂

（b）撒播草籽

图 6.6 坡顶草埂修筑过程

6.3 迎水坡面生态防护关键技术示范

6.3.1 假俭草护坡技术

针对示范点迎水坡面抗蚀景观区（高程 46.00～47.80m），进行假俭草护坡技术示范。施工工序主要包括坡面平整、开种植沟、草茎前处理、草茎撒播、无纺布覆盖、后期浇水养护等（图 6.7）。

（a）开种植沟　　　　　　　　　　　（b）草茎撒播

（c）无纺布覆盖　　　　　　　　　　（d）浇水养护

图 6.7　假俭草护坡示范

6.3.2 生态袋护坡技术

针对示范点迎水坡面固土抗冲区（高程 43.00～45.00m），示范生态袋护坡技术。施工工序主要包括坡面平整、生态袋灌土、生态袋码放、植被栽植（抹播-前期研究结果）、无纺布覆盖、后期浇水养护等（图 6.8）。

6.3.3 抗冲毯护坡技术

针对示范点迎水坡面固土抗冲区（高程 43.00～45.00m），示范抗冲毯护

（a）生态袋灌土（土沙混合）　　　　　　（b）第一层生态袋码放

（c）配件使用　　　　　　　　　　　　（d）生态袋夯实

（e）生态袋码放　　　　　　　　　　　（f）抹播草籽

（g）无纺布覆盖　　　　　　　　　　　（h）生态袋覆绿

图 6.8　生态袋护坡示范

坡技术。施工工序主要包括坡面平整、抗冲毯铺设、U 形钢筋固定、适当覆土、后期浇水养护等（图 6.9）。

（a）抗冲毯铺设　　　　　　　　　（b）U 形钢筋固定

（c）抗冲毯覆绿

图 6.9　抗冲毯护坡示范

6.3.4　无基质植生混凝土护坡技术

针对示范点迎水坡面固土抗冲区（高程 43.00～45.00m），示范无基质植生混凝土护坡技术。施工工序主要包括坡面平整、测量放线、边框土槽开挖、格构梁浇筑、回填土夯实、铺设无纺布、浇筑植生混凝土、撒播草籽、后期浇水养护等（图 6.10 和图 6.11）。

6.3.5　消浪植物篱技术

针对示范点迎水坡面消浪减蚀区（高程 45.00～46.00m），采用香根草进行等高密植，作为消浪植物篱进行示范，以起到消浪减蚀的效果。施工工序主要包括开挖种植穴、种苗栽植、覆土压紧、后期浇水养护等（图 6.12）。

图 6.10　格构梁施工过程

图 6.11 （一）　无基质植生混凝土示范

（c）植生混凝土

（d）浇筑植生混凝土

（e）浇筑无基质植生混凝土

（f）无基质植生混凝土

（g）撒播草籽

（h）无纺布覆盖

（i）微喷灌

（j）植生混凝土覆绿

图 6.11（二） 无基质植生混凝土示范

（a）开挖种植穴　　　　　　　　　　（b）种苗栽植

（c）香根草篱　　　　　　　　　　　（d）浇水养护

（e）消浪植物篱　　　　　　　　　　（f）消浪植物篱

图 6.12　消浪植物篱（香根草）示范

6.4　迎水坡面梯级生态防护模式示范

6.4.1　植草梯级防护模式

植草梯级生态防护模式主要包括假俭草护坡（高程 46.00～47.80m）、消浪植物篱（高程 45.00～46.00m）、香根草＋狗牙根护坡技术（高程 43.00～45.00m），主要适用于库区水流冲刷速度较小（1～2m/s）的临江凹形土质边坡，示范效果如图 6.13 所示。

图 6.13　植草梯级生态防护模式示范效果

由于施工时间等原因，项目组于在 43.00～45.00m 高程区域撒播狗牙根后 15d 水位上涨，狗牙根正处于三叶期即被水淹没死亡，导致坡面侵蚀淘刷严重；翌年水位消退后补植速生香根草和狗牙根，生长良好，具有较好的固土护坡功能。

6.4.2　生态袋梯级防护模式

生态袋梯级生态防护模式主要包括假俭草护坡（高程 46.00～47.80m）、消浪植物篱（高程 45.00～46.00m）、生态袋护坡技术（高程 43.00～45.00m），主要适用于库区水流冲刷速度不大于 8m/s 的临江凸形土质边坡，示范效果如图 6.14 所示。

图 6.14　生态袋梯级生态防护模式示范效果

该模式历经水位消涨后（近半年淹没期），仍能正常恢复生长并返青，边坡完好无损，具有较好的固土护坡效益。因此，该技术可在迎水坡面上进行应用推广。

6.4.3 抗冲毯梯级防护模式

抗冲毯梯级生态防护模式主要包括假俭草护坡（高程46.00～47.80m）、消浪植物篱（高程45.00～46.00m）、抗冲毯护坡技术（高程43.00～45.00m），主要适用于库区水流冲刷速度不大于4m/s的临江凹形土质边坡，示范效果如图6.15所示。

图6.15　抗冲毯梯级生态防护模式示范效果

项目组在43.00～45.00m高程区域铺设含草籽的抗冲毯后15d水位上涨，萌发的狗牙根正处于三叶期即被水淹没死亡，但与植草梯级防护模式不同的是，由于抗冲毯的作用，坡面仍完好无损；翌年水位消退后在抗冲毯上重新撒播狗牙根草籽，生长良好，具有较好的固土护坡功能。因此，这种模式在迎水坡面上应用，尤其要注意施工期限的把握，在水位上涨之前，要预留出足够的时间，让植物生长扎根于土壤。

6.4.4 无基质植生混凝土梯级防护模式

无基质植生混凝土梯级生态防护模式主要包括假俭草护坡（高程46.00～47.80m）、消浪植物篱（高程45.00～46.00m）、无基质植生混凝土护坡技术（高程43.00～45.00m），主要适用于库区水流冲刷速度不大于40m/s的临江凸形土质边坡，示范效果如图6.16所示。

项目组在43.00～45.00m高程区域，浇筑完格构上层植生混凝土，由于水位上涨，格构下层无法施工。翌年水位消退后浇筑完格构下层植生混凝土，并在植生混凝土面层撒播狗牙根草籽，覆盖无纺布，设置微喷灌设施，3个月后，格构上层草籽幼苗植物生长良好，而格构下层受风浪水流冲刷，导致萌发的幼苗根系还未穿过植生混凝土孔隙扎根土壤就被水流冲刷。因此，这种模式在迎水坡面上应用，要使格构下层植生混凝土面层撒播的草籽快速生长扎根于土壤，在水位上涨之前，也要预留出足够的时间。

图 6.16　无基质植生混凝土梯级生态防护模式示范效果

第7章 结论与展望

7.1 主 要 结 论

项目针对河湖堤岸迎水坡面水土流失严重与植被退化等现实问题，在分析迎水坡面稳定性的基础上，对边坡生态防护功能区进行划分，就不同功能区特点筛选并提出了相应的护坡适生植物，研发集成迎水坡面生态防护技术模式，对其相关效益进行监测评价，建立了野外示范点。主要结论如下：

（1）以河湖堤岸迎水坡面典型断面为研究对象，分析了不同水文条件下静水边坡稳定性以及波浪对迎水坡面的影响，发现不同水位下静水边坡典型断面安全系数为 2.86～3.70，均大于规范允许安全系数（1.2），满足抗滑稳定性要求；风浪可爬高至 47.06m 高程，已高出库区田面（46.80m 高程）；43.73～45.73m 高程坡面波动底流速最大为 3.12m³/s，土质边坡不足以抵抗冲刷。

（2）采用试验研究与文献调研相结合的手段，筛选迎水坡面生态护坡适生植物。消落带区域以耐淹耐旱的两栖草本植物为主，主要有狗牙根、牛鞭草、李氏禾、芦竹、类芦、水蓼、空心莲子草、扁穗牛鞭草等；消落带以上出露区以抗侵蚀能力、根系抗拉能力和根土抗剪强度突出的草本为主，如假俭草、香根草、狗牙根、中华结缕草等，香根草、互花米草、狗牙根则具有较好的防浪减蚀效果。

（3）根据工程运行水位变化的基本规律，结合河湖堤岸迎水坡面稳定性分析结果，对边坡生态防护功能区进行了划分，针对不同功能区分别提出了相应的适生植物（狗牙根、假俭草、香根草）以及假俭草护坡、生态袋护坡、抗冲毯护坡、无基质植生混凝土护坡、消浪植物篱护坡关键技术，在此基础上，构建了针对库区迎水坡面不同水流冲刷速度下的梯级生态防护模式。

（4）采用固定样方定位观测、径流小区观测以及野外测量等手段，从护坡植物适应性、覆盖度、水土保持效益以及坡面侵蚀形态等方面，分析了迎水坡面不同生态护坡技术与模式的生态防护效益，结果表明抗冲毯、生态袋、无基质植生混凝土梯级防护模式均具有较好的固土护坡效益，植草梯级防护模式坡面侵蚀较为严重，平均侵蚀坡长为 4.32m，平均侵蚀深（厚度）为 26.58cm。四种梯级生态防护模式均能有效降低径流水体中的总氮和总磷含量，总氮削减率为 46.82% ～ 82.94%，总磷削减率为 49.07% ～ 61.81%。物种数、Simpson 指数、Shannon-Wiener 指数等植物多样性指数显著提升。

（5）根据研究成果，选择江西省峡江水利枢纽工程库区（吉水县孔巷村）为应用示范点，对项目提出的假俭草护坡、生态袋护坡、抗冲毯护坡、无基质植生混凝土护坡技术，以及四种梯级生态防护模式进行了应用示范，示范岸线长 420m，面积为 4620m^2。

7.2 展　　望

项目以恢复生态学理论为指导，以库区生态环境的调查为基础，根据迎水坡面特点和植物的生物生态学特性，筛选、培养、繁殖一些能适宜不同水位条件的生态护坡植物，并运用生态工程学方法构建迎水坡面植物的生存环境，探索构建稳定且与环境相协调的植被群落，并提炼防护措施设计合理、种植技术科学和效益最大化的迎水坡面生态防护技术体系，为河流湖库水陆交错区边坡生态防护提供技术支撑，对生态鄱阳湖流域建设具有重要意义。但仍存在不足之处，可在以下方面深化研究：

（1）加强迎水坡面不同水位下生态护坡植物筛选工作。项目考虑到植物种源的可获取性，仅采用了狗牙根、假俭草、香根草植物进行生态防护，日后应继续加强不同水位条件下的生态护坡植物筛选。以南方红壤区常见护坡植物为研究对象，采用人工降雨与径流冲刷试验等技术，研究不同植物措施下植物抗侵蚀性、抗冲性、消浪效益等，综合考虑植物耐淹耐旱、消浪减蚀和固土抗蚀效应，筛选适宜迎水坡面不同水位高程区域的优良生态护坡植物。

（2）迎水坡面适宜植物繁殖与栽培技术。为使库区消落带植被能在水位下降后及时重建，根据植物种类、植被恢复立地条件的不同，引进种子丸衣化、草地免耕营建、水生植物栽培等先进种植技术，并在迎水坡面上进行适应性研究，筛选适宜迎水坡面不同水位区域关键种植技术，达到快速绿化、提高成活率的目的。

（3）迎水坡面植被生态系统监测与管理技术。由于项目实施期限等原因，不同生态护坡模式的相关效益观测时间相对较短，可进一步验证不同生态护坡模式的适应性。此外，针对不同护坡模式的植被物种组成与结构的变化、植被构建后对环境和群落演替的影响等，也是深化研究的重点。

附录1 不同水位下静水边坡稳定性分析计算书

峡江水利枢纽工程迎水坡面表层耕作层，按淤泥质黏土考虑，$c = 5kPa$，$\phi = 6°$，干密度为 $1.64g/cm^3$，含水量为 21%，饱和密度为 1.98。黏土层压实 $c = 30kPa$，$\phi = 17°$，干密度为 $1.66g/cm^3$，含水量为 19%，饱和密度为 1.98。风化层按碎石土考虑 $c = 5kPa$，$\phi = 30°$，干密度为 $1.72g/cm^3$，含水量为 19%，饱和密度为 2.05。

1. 断面 a 计算项目：蓄水 46.00m 土坡稳定计算

［计算结果图］（单位：m）

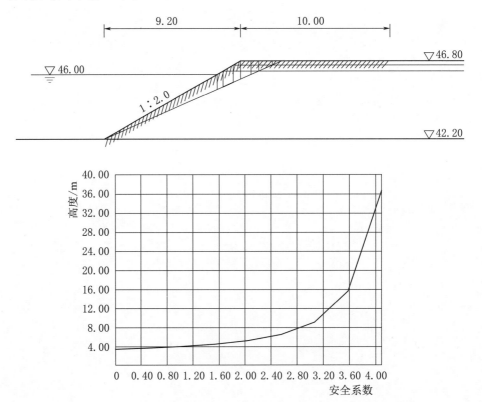

［控制参数］

采用规范：通用方法

计算目标：安全系数计算

滑裂面形状：直线滑动法

不考虑地震

[坡面信息]

坡 面 线 段

坡面线号	水平投影/m	竖直投影/m	超载数
1	9.200	4.600	0
2	10.000	0	0

[土层信息]

上 部 土 层

层号	层厚/m	重度/(kN/m²)	饱和重度/(kN/m²)	黏聚力/kPa	内摩擦角/(°)
1	4.000	17.200	20.500	5.000	30.000
2	0.350	16.600	19.800	30.000	17.000
3	0.250	16.400	19.800	5.000	6.000

下 部 土 层

层号	层厚/m	重度/(kN/m³)	饱和重度/(kN/m³)	黏聚力/kPa	内摩擦角/(°)
1	4.000	18.000	20.000	30.000	17.000

[水面信息]

采用总应力法

考虑渗透力作用

考虑边坡外侧静水压力

水面线段 [水面线起始点坐标：(0.000，3.800)]

水面线号	水平投影/m	竖直投影/m
1	1.000	0

[计算条件]

稳定计算目标：自动搜索最危险滑裂面

自动搜索时Y坐标增量：0.500（m）

自动搜索时角度的增量：1.000（°）

破裂面的最小角度：10.000（°）

破裂面的最大角度：40.000（°）

［计算结果］

最不利破裂面：

定位高度＝0（m）

破裂面仰角＝21.000（°）

安全系数＝3.510

总的下滑力＝95.991（kN）

总的抗滑力＝336.912（kN）

土体部分下滑力＝95.991（kN）

土体部分抗滑力＝336.912（kN）

2. 断面 a 计算项目：蓄水 45.00m 土坡稳定计算

［计算结果图］（单位：m）

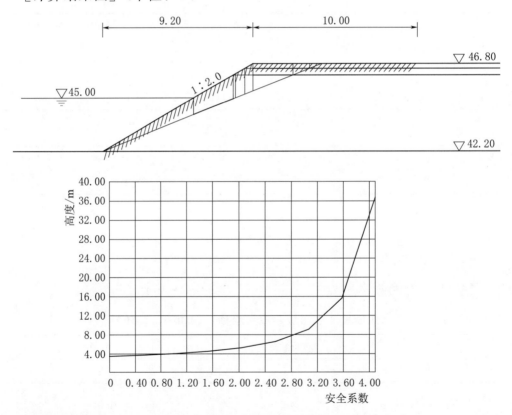

［控制参数］

采用规范：通用方法

计算目标：安全系数计算

滑裂面形状：直线滑动法

不考虑地震

[坡面信息]

坡　面　线　段

坡面线号	水平投影/m	竖直投影/m	超载数
1	9.200	4.600	0
2	10.000	0	0

[土层信息]

上　部　土　层

层号	层厚/m	重度/(kN/m³)	饱和重度/(kN/m³)	黏聚力/kPa	内摩擦角/(°)
1	4.000	17.200	20.500	5.000	30.000
2	0.350	16.600	19.800	30.000	17.000
3	0.250	16.400	19.800	5.000	6.000

下　部　土　层

层号	层厚/m	重度/(kN/m³)	饱和重度/(kN/m³)	黏聚力/kPa	内摩擦角/(°)
1	4.000	18.000	20.000	30.000	17.000

[水面信息]

采用总应力法

考虑渗透力作用

考虑边坡外侧静水压力

水面线段［水面线起始点坐标：(0.000，2.800)］

水面线号	水平投影/m	竖直投影/m
1	1.000	0

[计算条件]

稳定计算目标：自动搜索最危险滑裂面

自动搜索时 Y 坐标增量：0.500（m）

自动搜索时角度的增量：1.000（°）

破裂面的最小角度：10.000（°）

破裂面的最大角度：40.000（°）

[计算结果]

最不利破裂面：

定位高度＝0（m）

破裂面仰角＝19.000（°）

123

安全系数＝3.647

总的下滑力＝82.382（kN）

总的抗滑力＝300.425（kN）

土体部分下滑力＝82.382（kN）

土体部分抗滑力＝300.425（kN）

3. 断面a计算项目：蓄水44.00m土坡稳定计算

［计算结果图］（单位：m）

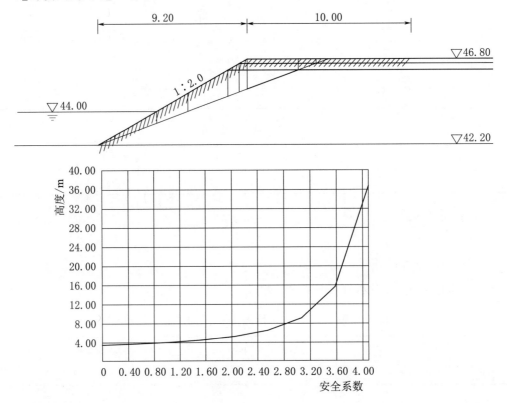

［控制参数］

采用规范：通用方法

计算目标：安全系数计算

滑裂面形状：直线滑动法

不考虑地震

［坡面信息］

坡 面 线 段

坡面线号	水平投影/m	竖直投影/m	超载数
1	9.200	4.600	0
2	10.000	0	0

[土层信息]

上　部　土　层

层号	层厚/m	重度/(kN/m³)	饱和重度/(kN/m³)	黏聚力/kPa	内摩擦角/(°)
1	4.000	17.200	20.500	5.000	30.000
2	0.350	16.600	19.800	30.000	17.000
3	0.250	16.400	19.800	5.000	6.000

下　部　土　层

层号	层厚/m	重度/(kN/m³)	饱和重度/(kN/m³)	黏聚力/kPa	内摩擦角/(°)
1	4.000	18.000	20.000	30.000	17.000

[水面信息]

采用总应力法

考虑渗透力作用

考虑边坡外侧静水压力

水面线段 [水面线起始点坐标：(0.000，1.800)]

水面线号	水平投影/m	竖直投影/m
1	1.000	0

[计算条件]

稳定计算目标：自动搜索最危险滑裂面

自动搜索时Y坐标增量：0.500（m）

自动搜索时角度的增量：1.000（°）

破裂面的最小角度：10.000（°）

破裂面的最大角度：40.000（°）

[计算结果]

最不利破裂面：

定位高度＝0（m）

破裂面仰角＝18.000（°）

安全系数＝3.699

总的下滑力＝71.805（kN）

总的抗滑力＝265.633（kN）

土体部分下滑力＝71.805（kN）

土体部分抗滑力＝265.633（kN）

4. 断面 a 计算项目：蓄水 43.00m 土坡稳定计算

［计算结果图］（单位：m）

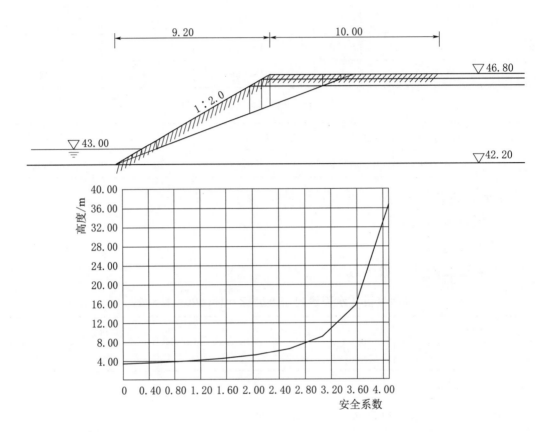

［控制参数］

采用规范：通用方法

计算目标：安全系数计算

滑裂面形状：直线滑动法

不考虑地震

［坡面信息］

坡　面　线　段

坡面线号	水平投影/m	竖直投影/m	超载数
1	9.200	4.600	0
2	10.000	0	0

［土层信息］

上 部 土 层

层号	层厚/m	重度/(kN/m³)	饱和重度/(kN/m³)	黏聚力/kPa	内摩擦角/(°)
1	4.000	17.200	20.500	5.000	30.000
2	0.350	16.600	19.800	30.000	17.000
3	0.250	16.400	19.800	5.000	6.000

下 部 土 层

层号	层厚/m	重度/(kN/m³)	饱和重度/(kN/m³)	黏聚力/kPa	内摩擦角/(°)
1	4.000	18.000	20.000	30.000	17.000

［水面信息］

采用总应力法

考虑渗透力作用

考虑边坡外侧静水压力

水面线段 ［水面线起始点坐标：(0.000，0.800)］

水面线号	水平投影/m	竖直投影/m
1	1.000	0

［计算条件］

稳定计算目标：自动搜索最危险滑裂面

自动搜索时Y坐标增量：0.500（m）

自动搜索时角度的增量：1.000（°）

破裂面的最小角度：10.000（°）

破裂面的最大角度：40.000（°）

［计算结果］

最不利破裂面：

定位高度：0（m）

破裂面仰角：18.000（°）

安全系数＝3.618

总的下滑力＝62.341（kN）

总的抗滑力＝225.551（kN）

土体部分下滑力＝62.341（kN）

土体部分抗滑力＝225.551（kN）

5. 断面 b 计算项目：蓄水 46.00m

[计算结果图]（单位：m）

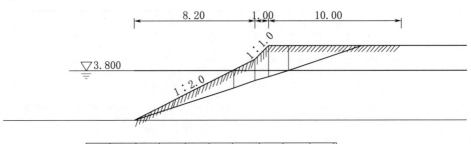

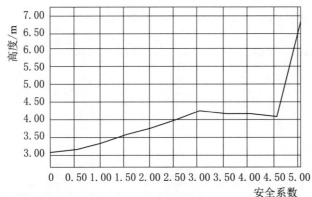

[控制参数]

采用规范：通用方法

计算目标：安全系数计算

滑裂面形状：直线滑动法

不考虑地震

[坡面信息]

坡　面　线　段

坡面线号	水平投影/m	竖直投影/m	超载数
1	9.200	4.600	0
2	1.000	1.000	0
3	10.000	0	0

[土层信息]

上　部　土　层

层号	层厚/m	重度/(kN/m³)	饱和重度/(kN/m³)	黏聚力/kPa	内摩擦角/(°)
1	5.600	17.200	20.500	5.000	30.000

下 部 土 层

层号	层厚/m	重度/(kN/m³)	饱和重度/(kN/m³)	黏聚力/kPa	内摩擦角/(°)
1	4.000	17.200	20.500	5.000	30.000

［水面信息］

采用总应力法

考虑渗透力作用

不考虑边坡外侧静水压力

水面线段［水面线起始点坐标：(0.000，3.800)］

水面线号	水平投影/m	竖直投影/m
1	60.000	0

［计算条件］

稳定计算目标：自动搜索最危险滑裂面

自动搜索时Y坐标增量：0.500（m）

自动搜索时角度的增量：1.000（°）

破裂面的最小角度：10.000（°）

破裂面的最大角度：40.000（°）

［计算结果］

最不利破裂面：

定位高度＝0（m）

破裂面仰角＝18.000（°）

安全系数＝3.040

总的下滑力＝100.407（kN）

总的抗滑力＝305.251（kN）

土体部分下滑力＝100.407（kN）

土体部分抗滑力＝305.251（kN）

筋带在直线轴向产生的抗滑力＝0（kN）

筋带在直线法向产生的抗滑力＝0（kN）

6. 断面 b 计算项目：蓄水 45.00m

［控制参数］

采用规范：通用方法

计算目标：安全系数计算

滑裂面形状：直线滑动法

不考虑地震

[坡面信息]

坡 面 线 段

坡面线号	水平投影/m	竖直投影/m	超载数
1	9.200	4.600	0
2	1.000	1.000	0
3	10.000	0	0

[土层信息]

上 部 土 层

层号	层厚/m	重度/(kN/m³)	饱和重度/(kN/m³)	黏聚力/kPa	内摩擦角/(°)
1	5.600	17.200	20.500	5.000	30.000

下 部 土 层

层号	层厚/m	重度/(kN/m³)	饱和重度/(kN/m³)	黏聚力/kPa	内摩擦角/(°)
1	4.000	17.200	20.500	5.000	30.000

[水面信息]

采用总应力法

考虑渗透力作用

不考虑边坡外侧静水压力

水面线段 [水面线起始点坐标：(0.000, 2.800)]

水面线号	水平投影/m	竖直投影/m
1	60.000	0.000

[计算条件]

稳定计算目标：自动搜索最危险滑裂面

自动搜索时Y坐标增量：0.500（m）

自动搜索时角度的增量：1.000（°）

破裂面的最小角度：10.000（°）

破裂面的最大角度：40.000（°）

[计算结果]

最不利破裂面：

定位高度：0（m）

破裂面仰角：18.000（°）

安全系数＝3.044

总的下滑力＝96.780（kN）

总的抗滑力＝294.603（kN）

土体部分下滑力＝96.780（kN）

土体部分抗滑力＝294.603（kN）

筋带在直线轴向产生的抗滑力＝0（kN）

筋带在直线法向产生的抗滑力＝0（kN）

7. 断面 b 计算项目：蓄水 44.00m

[控制参数]

采用规范：通用方法

计算目标：安全系数计算

滑裂面形状：直线滑动法

不考虑地震

[坡面信息]

坡 面 线 段

坡面线号	水平投影/m	竖直投影/m	超载数
1	9.200	4.600	0
2	1.000	1.000	0
3	10.000	0	0

[土层信息]

上 部 土 层

层号	层厚/m	重度/(kN/m³)	饱和重度/(kN/m³)	黏聚力/kPa	内摩擦角/(°)
1	5.600	17.200	20.500	5.000	30.000

下 部 土 层

层号	层厚/m	重度/(kN/m³)	饱和重度/(kN/m³)	黏聚力/kPa	内摩擦角/(°)
1	4.000	17.200	20.500	5.000	30.000

[水面信息]

采用总应力法

考虑渗透力作用

不考虑边坡外侧静水压力

水面线段［水面线起始点坐标：(0.000，1.800)］

水面线号	水平投影/m	竖直投影/m
1	60.000	0

［计算条件］

稳定计算目标：自动搜索最危险滑裂面

自动搜索时 Y 坐标增量：0.500（m）

自动搜索时角度的增量：1.000（°）

破裂面的最小角度：10.000（°）

破裂面的最大角度：40.000（°）

［计算结果］

最不利破裂面：

定位高度：0（m）

破裂面仰角：19.000（°）

安全系数＝2.982

总的下滑力＝83.767（kN）

总的抗滑力＝249.755（kN）

土体部分下滑力＝83.767（kN）

土体部分抗滑力＝249.755（kN）

筋带在直线轴向产生的抗滑力＝0（kN）

筋带在直线法向产生的抗滑力＝0（kN）

8. 断面 b 计算项目：蓄水 43.00m

［控制参数］

采用规范：通用方法

计算目标：安全系数计算

滑裂面形状：直线滑动法

不考虑地震

［坡面信息］

坡 面 线 段

坡面线号	水平投影/m	竖直投影/m	超载数
1	9.200	4.600	0
2	1.000	1.000	0
3	10.000	0	0

[土层信息]

上　部　土　层

层号	层厚/m	重度/(kN/m³)	饱和重度/(kN/m³)	黏聚力/kPa	内摩擦角/(°)
1	5.600	17.200	20.500	5.000	30.000

下　部　土　层

层号	层厚/m	重度/(kN/m³)	饱和重度/(kN/m³)	黏聚力/kPa	内摩擦角/(°)
1	4.000	17.200	20.500	5.000	30.000

[水面信息]

采用总应力法

考虑渗透力作用

不考虑边坡外侧静水压力

水面线段 [水面线起始点坐标：(0.000, 0.800)]

水面线号	水平投影/m	竖直投影/m
1	60.000	0

[计算条件]

稳定计算目标：自动搜索最危险滑裂面

自动搜索时Y坐标增量：0.500（m）

自动搜索时角度的增量：1.000（°）

破裂面的最小角度：10.000（°）

破裂面的最大角度：40.000（°）

[计算结果]

最不利破裂面：

定位高度：0（m）

破裂面仰角：19.000（°）

安全系数＝2.858

总的下滑力＝82.504（kN）

总的抗滑力＝235.770（kN）

土体部分下滑力＝82.504（kN）

土体部分抗滑力＝235.770（kN）

筋带在直线轴向产生的抗滑力＝0（kN）

筋带在直线法向产生的抗滑力＝0（kN）

附录 2 鄱阳湖区典型堤防野外调查植物名录

利用线路踏查法，对鄱阳湖区域内的典型堤防植物组成进行了调查，并整理出以下植物名录，共计 106 种，隶属于 39 科、89 属。生活型以草本植物为主，其中禾草 19 种，非禾草 55 种，占总种数的 69.81%；乔木、灌木和藤本植物分别为 8 种、21 种、3 种，分别占总种数的 7.55%、19.81%、2.83%。优势科以禾本科、菊科与大戟科为主，优势种主要有狗牙根、马唐、狗尾草、鬼针草、牛筋草等。主要堤段有赣东大堤樟树段、新干段、南昌县段，丰城市小港联圩，樟树市肖江堤，南昌县蒋巷联圩、三江联圩、清丰山左堤，鄱阳县鄱阳湖珠湖联圩、饶河联圩，九江县长江赤心堤、永安堤，永修县鄱阳湖三角联圩、修河九合联圩、新建区廿四联圩、余干县信瑞联圩、彭泽县棉船洲、永修县九合联圩和万年县中洲圩等 30 余个重点堤防。

一、蕨类植物 Pteridophyta

1. 海金沙科 Lygodiaceae

[1] 海金沙属 *Lygodium* Sw.

(1) 海金沙 *Lygodium japonicum*（Thunb.）Sw.

2. 蕨科 Pteridiaceae Scopoli

[2] 蕨属 *Pteridium*

(2) 毛轴蕨 *Pteridiaceae revolutum*（Bl.）Nakai

二、裸子植物 Gymnospermae

1. 松科 Pinaceae Lindl.

[1] 松属 *Pinus* L.

(1) 湿地松 *Pinus elliottii* Engem.

三、被子植物 Angiospermae

1. 堇菜科 Violaceae Batsch

[1] 堇菜属 *Viola* L.

（1）长萼堇菜 *Viola inconspicua* Blume

（2）紫花地丁 *Viola philippica* Cav.

（3）堇菜 *Viola verecunda* A. Gray

2. 蓼科 Polygonaceae Juss.

［2］蓼属 *Polygonum*（L.）Mill

（4）蓼子草 *Polygonum criopolitanum*（Hance）Migo

（5）杠板归 *Polygonum perfoliatum* L.

（6）毛蓼 *Polygonum barbatum*（L.）H. Hara

（7）红辣蓼 *Polygonumhydropiper* L. var. flaccidum（Meissn. ）Stew.

（8）红蓼 *Polygonumorientale* L. Spach

［3］酸模属 *Rumex* L.

（9）酸模 *Rumex acetosa* L.

3. 商陆科 Phytolaccaceae acinosa Roxb.

［4］商陆属 *Phytolacca* L.

（10）商陆 *Phytolacca acinosa* Roxb.

4. 藜科 Chenopodiaceae

［5］藜属 *Chenopodium* L.

（11）藜 *Chenopodium album* L.

5. 苋科 Amaranthaceae Juss.

［6］莲子草属 *Alternanthera* Forssk.

（12）空心莲子草 *Alternanthera philoxeroides*（Mart. ）Griseb.

［7］青葙属 *Celosia* L.

（13）青葙 *Celosia argentea* L.

6. 酢浆草科 Oxalidaceae R. Br.

［8］酢浆草属 *Oxalis* L.

（14）红花酢浆草 *Oxalis corymbosa* DC.

（15）酢浆草 *Oxalis corniculata* L.

7. 千屈菜科 Lythraceae J St. – Hil.

［9］紫薇属 *Lagerstroemia* L.

（16）紫薇 *Lagerstroemia indica* L.

8. 锦葵科 Malvaceae Juss.

［10］梵天花属 *Urena* L.

（17）肖梵天花（地桃花）*Urena lobata* L.

9. 锦葵科 Malvaceae Juss.

[11] 苘麻属 *Abutilon* Mill

(18) 苘麻 *Abutilon theophrasti* Medicus.

10. 大戟科 Euphorbiaceae Juss.

[12] 铁苋菜属 *Acalypha* L.

(19) 铁苋菜 *Acalypha australis* L.

[13] 黑面神属 *Breynia* J. R. et G. Forst.

(20) 黑面神 *Breynia fruticosa*（L.）Hook. f.

[14] 大戟属 *Euphorbia* L.

(21) 斑地锦 *Euphorbia maculata* L.

[15] 算盘子属 *Glochidion* T. R. et G. Forst.，nom. cons

(22) 算盘子 *Glochidion puberum*（L.）Hutch.

[16] 野桐属 *Mallotus* Lour.

(23) 白背叶 *Mallotus apelta*（Lour.）Müll. Arg.

[17] 叶下珠属 *Phyllanthus* L.

(24) 叶下珠 *Phyllanthus urinaria* L.

[18] 蓖麻属 *Ricinus* L.

(25) 蓖麻 *Ricinus communis* L.

[19] 乌桕属 *Sapium* Lour.

(26) 乌桕 *Sapium sebiferum*（L.）Roxb.

11. 蔷薇科 Rosaceae Juss.

[20] 蛇莓属 *Duchesnea* J. E. Smith

(27) 蛇莓 *Duchesnea indica*（Andr.）Focke

[21] 蔷薇属 *Rosa* L.

(28) 小果蔷薇（山木香）*Rosa cymosa* Tratt.

(29) 金樱子 *Rosa laevigata* Michx.

[22] 悬钩子属 *Rubus* L.

(30) 山莓 *Rubus corchorifolius* L. f.

(31) 悬钩子（槭叶莓）*Rubus palmatus* Thunb.

(32) 空心藨 *Rubus rosifolius* Son.

12. 苏木科 Caesalpiniaceae

[23] 决明属 *Cassia* Mill.

(33) 望江南 *Cassia occidentalis*（Linnaeus）Link.

（34）决明 *Cassia tora*（L.）Roxb.

13. 蝶形花科 Papilionaceae

［24］鸡眼草属 *Kummerowia* Schindl.

（35）鸡眼草 *Kummerowia striata*（Thunb.）Schindl.

［25］葛藤属 *Pueraria* Dc.

（36）葛 *Pueraria lobata*（Willd.）Ohwi

［26］田菁属 *Sesbania* Scop.

（37）田菁 *Sesbania cannabina*（Retz.）Pers.

［27］野豌豆属 *Vicia* Linn

（38）窄叶野豌豆 *Vicia angustifolia* L. ex Reichard

［28］豇豆属 *Vigna* Savi

（39）野豇豆 *Vigna vexillata*（L.）A. Rich.

14. 杨柳科 Salicaceae Mirb.

［29］杨属 *Populus* L.

（40）加拿大杨 *Populus canadensis* Moench

15. 桑科 Moraceae Gaudich.

［30］构属 *Broussonetia* L'Hert. ex Vent.

（41）构树 *Broussonetia papyrifera*（L.）L'Hert. ex Vent

16. 荨麻科 Urticaceae Juss.

［31］苎麻属 *Boehmeria* Jacq.

（42）苎麻 *Boehmeria nivea*（L.）Gaudich.

17. 葡萄科 Vitaceae Juss.

［32］爬山虎属 *Parthenocissus* Planch.

（43）爬山虎 *Parthenocissus tricuspidata*（Sieb. & Zucc.）Planch.

［33］葡萄属 *Vitis* L.

（44）小果野葡萄 *Vitis balanseana* Planch.

18. 楝科 Meliaceae Juss.

［34］楝属 *Melia* Linn.

（45）苦楝 *Melia azedarach* L.

19. 漆树科 Anacardiaceae R. Br.

［35］盐麸木属 *Rhus* Tourn. ex L.

（46）盐麸木 *Rhus chinensis* Mill.

20. 伞形科 Apiaceae Lindl.

[36] 积雪草属 *Centella* L.

(47) 积雪草 *Centella asiatica*（L.）Urb.

[37] 天胡荽属 *Hydrocotyle* L.

(48) 破铜钱 *Hydrocotyle sibthorpioides* var. batrachium（Hance）Hand. -Mazz. ex R. H. Shan

21. 山矾科 Symplocaceae Desf.

[38] 山矾属 *Symplocos* Jacq.

(49) 白檀 *Symplocos paniculata*（Thunb.）Miq.

22. 茜草科 Rubiaceae Juss.

[39] 耳草属 *Hedyotis* L.

(50) 金毛耳草 *Hedyotis chrysotricha*（Palib.）Merr.

[40] 鸡屎藤属 *Paederia* L.

(51) 鸡屎藤 *Paederia scandens*（Lour.）Merr.

[41] 六月雪属 Serissa Comm. eXA. L. Jussieu

(52) 六月雪 *Serissa japonica*（Thunb.）Thunb.

23. 菊科 Asteraceae Bercht. & J. Presl

[42] 藿香蓟属 *Ageratum* L.

(53) 藿香蓟 *Ageratum conyzoides* L.

[43] 豚草属 *Ambrosia* L.

(54) 豚草 *Ambrosia artemisiifolia* L.

[44] 蒿属 *Artemisia* L.

(55) 茵陈蒿 *Artemisia capillaris* Thunb.

(56) 野艾蒿 *Artemisia lavandulaefolia* DC.

[45] 紫菀属 *Aster* L.

(57) 紫菀 *Aster tataricus* L. f.

[46] 蓟属 *Cirsium* Mill. emend. Scop.

(58) 大蓟 *Cirsium japonicum* Fisch. ex De.

[47] 白酒草属 *Conyza* Less.

(59) 小飞蓬 *Conyza canadensis* L.

[48] 飞蓬属 *Erigeron* L.

(60) 一年蓬 *Erigeron annuus*（L.）Pers.

[49] 鬼针草属 *Bidens* L.

（61）鬼针草 *Bidens pilosa* L.

［50］向日葵属 *Helianthus* L.

（62）菊芋 *Helianthus tuberosus* L.

［51］苍耳属 *Xanthium* L.

（63）苍耳 *Xanthium sibiricum* L.

24. 报春花科 Primulaceae Batsch ex Borkh.

［52］珍珠菜属 *Lysimachia* L.

（64）星宿菜（红根草）*Lysimachia fortunei* Maxim.

25. 车前科 Plantaginaceae Juss.

［53］车前草属 *Plantago* L.

（65）车前 *Plantago asiatia* L.

26. 茄科 Solanaceae Juss.

［54］枸杞属 *Lycium* L.

（66）枸杞 *Lycium chinense* Miler

［55］茄属 *Solanum* L.

（67）龙葵 *Solanum nigrum* L.

27. 旋花科 Convolvulaceae Juss.

［56］番薯属 *Ipomoea* Choisy

（68）三裂叶薯 *Ipomoea triloba* L.

28. 菟丝子科 Cuscutaceae Peter

［57］菟丝子属 *Cuscuta* L.

（69）菟丝子 *Cuscuta chinensis* Lam.

29. 玄参科 Scrophulariaceae Juss.

［58］母草属 *Lindernia* All.

（70）母草 *Lindernia crustacea* （L.）F. Muell.

［59］泡桐属 *Paulownia* Siebold & Zucc.

（71）泡桐 *Paulownia fortunei* （Seem.）Hemsl.

30. 爵床科 Acanthaceae Juss.

［60］爵床属 *Rostellularia* L.

（72）爵床 *Rostellularia procumbens* L.

31. 马鞭草科 Verbenaceae J. St. – Hil.

［61］大青属 *Clerodendrum* Linn.

（73）大青 *Clerodendrum cyrtophyllum* Turcz.

［62］豆腐柴属 *Premna* L.

（74）豆腐柴 *Premna microphylla* Turcz.

［63］牡荆属 *Vitex* L.

（75）黄荆 *Vitex negundo* L.

32. 唇形科 Labiata Martinov

［64］薄荷属 *Mentha* L.

（76）薄荷 *Mentha canadensis* Linnaeus

33. 鸭跖草科 Commelinaceae Mirb.

［65］鸭跖草属 *Commelina* L.

（77）节节草 *Commelina diffusa* Burm. f.

（78）鸭跖草 *Commelina communis* L.

34. 菝葜科 Smilacaceae Vent.

［66］菝葜属 *Smilax* L.

（79）菝葜 *Smilax china* L.

（80）土茯苓 *Smilax glabra* Roxb.

35. 莎草科 Cyperaceae Juss.

［67］球柱草属 *Bulbostylis* C. B. Clarke

（81）球柱草 *Bulbostylis barbata*（Rottb.）C. B. Clarke in Hooker f.

［68］莎草属 *Cyperus* L.

（82）旋鳞莎草 *Cyperus michelianus*（L.）Link

（83）香附子 *Cyperus rotundus* L.

［69］水蜈蚣属 *Kyllinga* Rottb.

（84）水蜈蚣 *Kyllinga polyphylloa* Kunth

36. 禾本科 Gramineae Barnhart

［70］荩草属 *Arthraxon* Beauv.

（85）荩草 *Arthraxon hispidus*（Trin.）Makino

［71］野古草属 *Arundinella* Raddi

（86）野古草 *Arundinella hirta*（Thunberg）Tanaka

［72］雀麦属 *Bromus* L.

（87）雀麦 *Bromus japonica* Thunb. ex Murr

［73］狗牙根属 *Cynodon* Rich.

（88）狗牙根 *Cynodon dactylon*（L.）Pers.

［74］雀稗属 *Paspalum* L.

（89）雀稗 *Paspalum thunbergii* kunth ex Steud.

［75］芦苇属 *Phragmites* Adans.

（90）芦苇 *Phragmites australis*（Cav.）Trin. ex Steud.

［76］狗尾草属 *Setaria* P. Beauv.

（91）狗尾草 *Setaria viridis*（L.）Beauv.

［77］马唐属 *Digitaria* Hall.

（92）马唐 *Digitaria sanguinalis*（L.）Scop.

［78］稗属 *Echinochloa* Beauv.

（93）长芒稗 *Echinochloa caudata* Roshev.

（94）稗 *Echinochloa crusgalli*（L.）P. Beauv.

［79］䅟属 *Eleusine* Gaertn

（95）牛筋草 *Eleusine indica*（L.）Gaertn.

［80］蜈蚣草属 *Eremochloa* Büse

（96）假俭草 *Eremochloa ophiuroides*（Munro）Hack.

［81］白茅属 *Imperata* Cyr.

（97）白茅 *Imperata cylindrica*（L.）P. Beauv.

（98）丝茅 *Imperata cylindrica* Var. mgjor（Nees）C. E. Huobard

［82］千金子属 *Leptochloa* P. Beauv.

（99）千金子 *Leptochloa chinensis*（L.）Nees

［83］莠竹属 *Microstegium* Nees

（100）莠竹 *Microstegium rimineum*（Trin.）A. Camus

［84］芒属 *Miscanthus* Anderss.

（101）芒 *Miscanthus sinensis* Anderss.

［85］早熟禾属 *Poa* Linn.

（102）早熟禾 *Poa annua* L.

［86］结缕草属 *Zoysia* Willd.

（103）结缕草 *Zoysia japonica* Steud.

附录3 肥料施用方案

肥料	浓度梯度	编号	单次施肥量/(g/盆)	第一次收割		第二次收割	
				施肥次数/次	总施肥量/(g/盆)	施肥次数/次	总施肥量/(g/盆)
氮肥	0.5	N1/2	0.01875	22	0.4125	10	0.1875
	1	N1	0.0375	22	0.825	10	0.375
	2	N2	0.075	22	1.65	10	0.75
	4	N4	0.15	22	3.3	10	1.5
钾肥	0.5	K1/2	0.01875	22	0.4125	10	0.1875
	1	K1	0.0375	22	0.825	10	0.375
	2	K2	0.075	22	1.65	10	0.75
	4	K4	0.15	22	3.3	10	1.5
磷肥	0.5	P1/2	0.5	1	0	0	0.1
	1	P1	1	1	0	0	0.2
	2	P2	2	1	0	0	0.4
	4	P4	4	1	0	0	0.8
氮磷钾肥	0.5	NPK1/2	N1/2+ K1/2+ P1/2	22	N1/2+ K1/2	10	N1/2+ K1/2
	1	NPK1	N1+ K1+ P1	22	N1+ K1	10	N1+ K1
	2	NPK2	N/2+ K2+ P2	22	N/2+ K2	10	N/2+ K2
	4	NPK4	N4+ K4+ P4	22	N4+ K4	10	N4+ K4
对照	0	CK	0	0	0	0	0

参 考 文 献

[1] BOUTON J H. Plant breeding characteristics relating to improvement of centipede grass [J]. Soil and crop science society of florida proceedings, 1983, 42: 53-58.

[2] COPPIN N J, RICHARIDS I G. Use of vegetation in civil engineering [M]. CIRIA: Butterworths, 1990.

[3] EDITORICAL. Purification process, ecological function, planning and design of riparian buffer zones in agricultural watersheds [J]. Ecological engineering, 2005, 24: 421-432.

[4] GURNELL A. Plants as river system engineers [J]. Earth surface process landfroms, 2013, 39 (1): 4-25.

[5] GREGORY S V, SWANSON F J, MCKEE W A, et al. An ecosystem perspective of riparian zones [J]. Biocience, 1991, 41 (8): 540-551.

[6] JARVELA J. Flow resistance of flexible and stiff vegetation: a flume study with natural plants [J]. Journal of hydrology, 2002, 269 (1-2): 44-54.

[7] LIEFFERS V J. Emergent plant communities of oxbow lakes in northeastern Alberta: salinity, water-level fluctuation, and succession [J]. Canadian journal of Botany, 1984, 62 (2): 310-316.

[8] LI M H, EDDLEMAN K E. Biotechnical engineering as an alternative to traditional engineering methods: A biotechnial streambank stabilization design approach [J]. Landscape and urban planning, 2002, 60 (4): 225-242.

[9] MALANSON G P. Ripariana landscapes [M]. Boston: Cambridge University Press, 1993.

[10] NAIMAN J, DECAMPS H, POLLOCK M. The role of riparian corridors in maintaining regional biodiversity [J]. Ecological applications, 1993, 3 (2): 209-212.

[11] NILSSON, CHRISTER, EKBLAD. Long term effects of river regulation on river margin vegetation [J]. Journal of applied ecology, 1991, 28 (3): 963-987.

[12] 白宝伟, 王海洋, 李先源, 等. 三峡库区淹没区与自然消落区现存植被的比较 [J]. 西南农业大学学报 (自然科学版), 2005, 27 (5): 684-687.

[13] 鲍玉海, 唐强, 高银超. 水库消落带消浪植生型生态护坡技术应用 [J]. 中国水土保持, 2010 (10): 37-39.

[14]　毕丽华，李留振，薛金国，等．植生带（袋）的分类及其在边坡治理上的应用［J］．黑龙江农业科学，2010（9）：151-153．

[15]　陈杰，何飞，蒋昌波，等．植物消波机制的实验与理论解析研究进展［J］．水科学进展，2018，29（3）：433-445．

[16]　陈海波．网格反滤生物组合护坡技术在引滦入唐工程中的应用［J］．中国农材水利水电，2001（8）：47-48．

[17]　顾岚．基于土壤生物工程技术的河流近自然治理研究［D］．北京：北京林业大学，2013．

[18]　重庆三峡学院．库区消落带生态护坡系统：201320197296.1［P］．2013-09-25．

[19]　韩军胜，李敏达，马强．石笼在生态治河中的应用［J］．甘肃水利水电技术，2005，41（3）：281-282．

[20]　胡海鸿．生态型护岸及其应用前景［J］．广西水利水电，1999（4）：57-59，68．

[21]　胡利文，陈汉宁．锚固三维网生态防护理论及其在边坡工程中的应用［J］．水运工程，2003（4）：13-15．

[22]　黄世友，马立辉，方文，等．三峡库区消落带植被重建与生态修复技术研究［J］．西南林业大学学报，2013，33（3）：74-78，111．

[23]　季永兴，刘水芹，张勇．城市河道整治中生态型护坡结构探讨［J］．水土保持研究，2001，8（4）：25-28．

[24]　梁雪，贺锋，徐栋，等．人工湿地植物的功能与选择［J］．水生态学杂志，2012，33（1）：131-138．

[25]　刘秀峰，唐成斌．高等级公路生物护坡工程模式设计［J］．四川草原，2001（1）：40-43．

[26]　刘建秀，朱雪花，郭爱桂，等．中国假俭草结实性的比较分析［J］．植物资源与环境学报，2003，12（4）：21-26．

[27]　刘黎明，邱卫民，许文年，等．传统护坡与生态护坡比较与分析［J］．三峡大学学报（自然科学版），2007，29（6）：528-532．

[28]　刘高鹏，金章利，牛海波，等．济南奥体中心山体边坡断崖面生态修复模式及效果［J］．中国水土保持，2010（7）：26-28．

[29]　中国科学院武汉植物园．在生态混凝土边坡上快速种植狗牙根的方法：201510359131.3［P］．2018-05-15．

[30]　毛凯，李西，蒋艳君．不同土壤基质对野生峨眉假俭草成坪初期生长的影响［J］．草原和草坪，2002（1）：44-45．

[31]　钱婧．模拟降雨条件下红壤坡面菜地侵蚀产沙及土壤养分流失特征研究［D］．杭州：浙江大学，2015．

[32]　任健，魏宝祥．假俭草的主要病害及其防治［J］．草原与草坪，2002（4）：49-50．

[33]　陶理志．堤防护坡的优良水土保持植物——假俭草［J］．中国水土保持，2016（7）：34-36．

144

[34]　王连新. 土工网复合植被护坡法在三峡工程中的应用 [J]. 人民珠江，1999 (4)：38-39.

[35]　王飞，史文明，王能贝，等. 绿色生态型护坡在三峡水库消落区的工程应用 [J]. 水电能源科学，2010，28 (3)：105-107.

[36]　王强，刘红，袁兴中，等. 三峡水库蓄水后澎溪河消落带植物群落格局及多样性 [J]. 重庆师范大学学报（自然科学版），2009，26 (4)：48-54.

[37]　王勇，吴金清，黄宏文，等. 三峡库区消涨带植物群落的数量分析 [J]. 武汉植物学研究，2004，22 (4)：307-314.

[38]　吴佳海，尚以顺，唐成斌，等. 优良天然草坪地被植物——假俭草的研究 [J]. 中国园林，2000，16 (3)：76-78.

[39]　许晓鸿，王跃邦，刘明义，等. 江河堤防植物护坡技术研究成果推广应用 [J]. 中国水土保持，2002 (1)：17-18.

[40]　鄢俊. 植草护坡技术的研究和应用 [J]. 水运工程，2000 (5)：29-31.

[41]　杨朝东，张霞，向家云. 三峡库区消落带植物群落及分布特点的调查 [J]. 安徽农业科学，2008，36 (31)：13795-13796，13866.

[42]　张金霞. 三峡库区消落带三种草本植物的固土护坡性能研究 [D]. 宜昌：三峡大学，2015.

[43]　张迪，戴方喜. 狗牙根群落土壤——根系系统的结构及其抗冲刷与抗侵蚀性能的空间变化 [J]. 水土保持通报，2015，35 (1)：34-36.

[44]　张翼夫，李洪文，何进，等. 玉米秸秆覆盖对坡面产流产沙过程的影响 [J]. 农业工程学报，2015，31 (7)：118-124.

[45]　张冠华，刘国彬，易亮. 植被格局对坡面流阻力影响的试验研究 [J]. 水土保持学报，2014，28 (4)：55-59.

[46]　张升堂，梁博，张楷. 植被分布对地表糙率的影响 [J]. 水土保持通报，2015，35 (5)：45-48，54.

[47]　钟荣华，贺秀斌，鲍玉海，等. 狗牙根和牛鞭草的消浪减蚀作用 [J]. 农业工程学报，2015，31 (2)：133-140.

[48]　郑轩，黄宏道，武亨飞，等. 三峡库区胡家坝消落区综合整治与开发利用 [J]. 人民长江，2013，44 (2)：82-84，88.

[49]　朱吾中，张天绪，杨宇. 三峡库区秭归县城库岸综合治理 [J]. 水电与新能源，2016 (5)：53-55.